Lt=Colonel LAMOUCHE

FOSSILES CARACTÉRISTIQUES

Préface de M. Ch. BARROIS

Membre de l'Institut
Professeur de Géologie à la Faculté des Sciences de Lille

PREMIER FASCICULE

Terrains de l'ère primaire

36 planches en phototypie avec 168 légendes dans le texte

TORTELLIER & Cie, IMPRIMEURS-ÉDITEURS
25, rue de la Citadelle
ARCUEIL (Seine)

R. C. Paris 215740 B.

1925

FOSSILES CARACTÉRISTIQUES

Ère primaire

Lt=Colonel LAMOUCHE

FOSSILES CARACTÉRISTIQUES

Préface de M. Ch. BARROIS

Membre de l'Institut

Professeur de Géologie à la Faculté des Sciences de Lille

PREMIER FASCICULE

Terrains de l'ère primaire

36 planches en phototypie avec 168 légendes dans le texte

TORTELLIER & Cⁱᵉ, IMPRIMEURS-ÉDITEURS

25, rue de la Citadelle

ARCUEIL (Seine)

—

1925

PRÉFACE

Aimer son pays est un sentiment naturel assez répandu ; le faire aimer est un mérite plus rare, plus haut, plus digne d'éloges: c'est celui qu'il importe de reconnaître au Colonel *Lamouche* qui, en préparant cet album, a voulu servir son pays en le faisant mieux connaître.

Pour aimer son pays, il faut commencer par le connaître. Mais est-ce connaître son pays, comme il convient à un être doué de raison, que de se borner à son horizon individuel, aux notions de sa forme, de sa figure personnelle, ou du nombre et des qualités des voisins qui l'entourent ? Est-ce même suffisamment connaître son pays que de savoir les exploits des hommes qui l'ont grandi par leur effort, leur vaillance, leur travail, leur pensée ? A quel homme est-il permis d'ignorer les noms de ceux qui ont fait son pays, grands génies qui ont ouvert et éclairé les voies, ou artisans obscurs qui au cours des siècles ont, par leur seul nombre, contribué à édifier le sol même de la patrie ? C'est à l'illustration des plus inférieurs de ceux qui nous ont précédés, de ceux qui ont contribué par leur vie et par leur mort à rendre la terre plus habitable pour nous, de simples animaux ou de modestes plantes, que le Colonel *Lamouche* a consacré son effort. Il a voulu faire connaître à tous leur nom, leur figure, leur œuvre.

A tous ceux qui l'ignorent, il a voulu faire voir ce que fut leur rôle. Si tant de générations de coquillages, de coraux, n'avaient par leur empilement formé les gisements calcaires, nous n'aurions ni marbres pour édifier nos palais, ni ciment pour construire nos maisons ; si tant de familles animales, si tant de forêts n'avaient succombé sur notre sol, les unes après les autres, au cours de tant de siècles, nous n'aurions ni sels pour féconder nos terres, ni assez de combustibles pour chauffer nos habitations et les éclairer. La demeure où travaille l'homme moderne, la puissance que lui donnent la chaleur, la lumière, la force, mises à sa disposition sont des legs de ceux qui l'ont précédé, des résultantes de l'activité des êtres que nous trouvons *fossilisés*.

Quiconque ouvrira cet album verra les formes de ces espèces éteintes et lira leurs noms. Elles y ont été photographiées pour le grand public et non pour des savants spécialisés dans l'étude des mondes passés. Leur ensemble représente une sélection d'images réunies à l'intention de la jeunesse, à l'usage de ceux qui ont les yeux tournés vers l'avant, simples curieux, voyageurs avertis, explorateurs entreprenants, qui sur leur route, ou sous quelque toit hospitalier, ont rencontré quelque pierre à forme d'animal ou de plante, et se sont demandés ce que de tels débris pouvaient représenter, ce qu'ils pouvaient apprendre ! Ces images seront aussi utiles aux étudiants qui visent divers certificats de l'Université ; elles intéresseront non moins ces exploitants avisés qui, dans leurs mines ou leurs prospections minières, demandent aux fossiles un supplément d'informations et une directive pour leurs recherches.

Ceux qui feuilletteront cet album pourront se convaincre que tout débris animal ou végétal, changé en pierre, a une forme qui lui est spéciale et un nom qui lui appartient en propre, qu'il a son état civil et son histoire, qu'il remonte à une époque déterminée, qu'il a eu des contemporains, des précurseurs, des descendants, et que ceux-ci se présentent aux chercheurs dans un ordre immuable. Apprendre cet ordre, c'est pénétrer l'histoire même de la vie sur le globe terrestre, c'est dévoiler l'histoire de la terre.

Les numéros de ces planches suivent l'ordre du temps, de telle sorte que les premières représentent les premiers êtres qui nous soient connus, et les dernières ceux qui vivent de nos jours. Le premier fascicule, aujourd'hui publié, correspond ainsi à la série des formes contemporaines des temps primaires, remontant aux périodes les plus reculées ; deux autres fascicules sont prévus pour l'illustration des temps secondaires et tertiaires, de façon à embrasser dans leur ensemble la succession des formes organisées qui passèrent sur le globe.

La comparaison des planches entre elles montre à l'œil le moins exercé les profondes différences morphologiques des êtres des différents âges. Ces différences sont même suffisantes pour permettre de reconnaître à leur seul aspect, à leur association, l'âge, l'époque de la terre où ces espèces vécurent, de la même façon que les médailles permettent aux numismates de reconnaître la période de l'histoire où elles furent frappées. Aussi le géologue, le chercheur qui ramassent un fossile et en trouvent le nom sont-ils en possession d'un moyen de prévoir la succession des formations inconnues qui gisent au voisinage, soit en s'enfonçant dans les profondeurs du sol, soit en s'élevant sur les sommets prochains. Et comme les divers âges de la terre, caractérisés par leurs fossiles, ont en propre des gîtes minéraux particuliers, des richesses déterminées utiles à l'homme, la connaissance des fossiles a des résultats pratiques immédiats que mettent à profit les prospecteurs, pour les découvrir.

Ces résultats positifs ne sont pas les seuls que fournisse l'étude des fossiles. Il suffit pour le reconnaître de tourner ces pages, et en faisant ainsi passer devant les yeux la série des principaux types qui se sont succédés dans la suite des temps, on est le témoin de leurs transformations, de leurs enchaînements, de leur développement graduel et ininterrompu, des temps les plus reculés jusqu'à nos jours. Cette contemplation des créations successives, ce défilé continu de page en page de ces représentants des animaux et des plantes qui nous précédèrent sur la terre, élèvent insensiblement et d'irrésistible façon l'esprit aux spéculations philosophiques les plus hautes sur les origines de la vie sur le globe, sur les lois divines qui ont présidé à son épanouissement.

Ainsi l'étude des fossiles amène l'homme à observer et à penser.

L'album présenté au public par le Colonel *Lamouche* s'est proposé, en servant les jeunes amis de la Science, de servir la Science. Il aura pleinement rempli son but si il décide quelques-uns de ceux qui le feuillettent à aborder la lecture de ces grandes pages de nos savants, comme celles dont Albert Gaudry nous a donné le séduisant modèle, où resplendissent la beauté et la grandeur de l'histoire paléontologique et de ses enchaînements.

CH. BARROIS
Membre de l'Institut.

PRÉFACE DE L'AUTEUR

A la préface dont M. *Ch. Barrois* a bien voulu honorer ce modeste travail, et dont avant tout je le remercie, j'ai le devoir, agréable mais difficile, d'ajouter l'expression de ma reconnaissance à l'adresse de ceux qui m'ont aidé.

C'est en 1909 que me vint l'idée de rassembler en quelques feuillets d'un format pratique les « fossiles caractéristiques ». Je me proposais d'observer les règles ci-après :

1° Chercher autant que possible à reproduire pour chaque fossile la figure originale donnée par l'auteur de l'espèce ; ou, à défaut de cette figure type, une bonne figure ou un bon échantillon.

2° Donner chaque individu en grandeur naturelle, sauf pour ceux de dimensions très petites ou supérieures au format de l'album.

3° Prendre pour base, lato sensu, dans le choix des fossiles, le programme des certificats de licence des Facultés françaises.

J'étais alors lieutenant d'infanterie à Nantes et je ne pouvais consacrer à ce travail que des loisirs d'une durée très variable, parfois rares, le plus souvent imprévus.

M. le docteur *Louis Bureau*, à qui le Muséum de Nantes devait sa réputation d'établissement scientifique de premier ordre, mit à ma disposition les richesses documentaires qu'il y avait accumulées ainsi que sa bibliothèque personnelle. Avec une affectueuse sollicitude, M. Bureau revoyait mes listes, les annotait et me prodiguait ses encouragements. Je ne saurais dire comme il conviendrait la bonté qu'il eut pour moi et qui n'était comparable qu'à sa science et à sa modestie.

Son préparateur d'alors, M. *J. Péneau*, devenu professeur à l'Université catholique d'Angers, me témoigna la plus aimable complaisance.

Auguste Dumas et *Georges Ferronnière* prirent part, eux aussi, à ce travail. C'est avec émotion et gratitude que j'évoque ici leur mémoire.

Malgré tout, j'avançais très lentement faute de pouvoir travailler régulièrement. Et bientôt, je fus arrêté. En 1911, j'étais envoyé dans une garnison de l'Est dépourvue de ressources scientifiques. Puis, ce fut la guerre... Mutilé, je me demandais si je pourrais reprendre le travail interrompu quand il était déjà en bonne voie. Mais il ne faut jamais désespérer.

En 1923, je suis nommé à Lille. J'y trouve dans les deux Universités et dans la Société géologique du Nord la plus grande affabilité. M. *Ch. Barrois*, malgré l'activité de ses occupations, m'accueille et se met à ma disposition comme M. Bureau à Nantes. Grâce à ses conseils et à son amabilité, en quelques mois, le premier fascicule est au point.

M. *Paul Bertrand*, professeur à la Faculté des Sciences de Lille, a bien voulu choisir les végétaux du houiller et dessiner pour cet album plusieurs croquis qui seront très appréciés.

M. *P. Pruvost*, professeur de géologie appliquée à la Faculté des Sciences de Lille, M. le chanoine *Delépine* et M. le chanoine *Carpentier*, tous deux professeurs à l'Université catholique de Lille, m'ont aidé, eux aussi, de leurs documents ou de leurs conseils.

En résumé, pour ma part, j'ai poursuivi la réalisation d'une idée ; ce sont les savants que je viens de nommer qui m'en ont fourni les moyens. Que chacun d'eux veuille bien lire ici l'expression de mes vifs remerciements !

Au moment où paraît le premier fascicule, je tiens à féliciter l'éditeur. Le laboratoire Tortellier et Cie s'est surpassé. Je ne pouvais désirer meilleure reproduction de mes planches ni conditions plus modiques. Mon but, je l'espère, en sera d'autant mieux atteint.

Lieutenant-Colonel LAMOUCHE.

FOSSILES CARACTÉRISTIQUES

Explication des 36 Planches

renfermant 168 espèces des Terrains de l'Ère Primaire

1º Chaque fossile est reproduit en grandeur naturelle, sauf indication de réduction ou de grossissement mise en abrégé à côté de la figure.

2º Les fossiles sont groupés par séries dont chacune porte un numéro d'ordre et correspond à une des grandes divisions de la stratigraphie.

3º Chaque individu porte deux numéros séparés par un point. Le petit numéro, celui de droite, est celui de la série, donc de l'étage. Le numéro en caractères plus gros, celui de gauche, est le numéro d'ordre du fossile dans la série.

Cette notation a été adoptée pour rendre l'album indéfiniment perfectible puisque chaque série est illimitée.

Une série porte la marque AH (végétaux antérieurs au Houiller) et une autre la marque H (Houiller).

1 — CAMBRIEN

1.1 — *Olenellus (Holmia) Kjerulfi* LINNARSON. Zittel : Paléontologie, 1ʳᵉ p. p. 543, fig. 1293. Individu restauré, grandeur naturelle.

2.1. — *Paradoxides bohemicus* (BŒCK.). Barrande : Le système silurien de la Bohême, Prague 1852, étage C, pl. 10, fig. 22. Individu adulte, moule interne.

3.1. — *Paradoxides spinosus* (BŒCK.). Barrande : Le système silurien de la Bohême, Prague 1852, étage C, pl. 13, fig. 1.

4.1. — *Olenus truncatus* ANGELIN. Rœmer : Lethæa palæozoica, Stuttgart 1876, pl. 1, fig. 6.

5.1. — *Sao hirsuta* BARRANDE. Rœmer : Lethæa palæozoica, Stuttgart 1876, pl. 1, fig. 8. Exemplaire agrandi 1 fois 1/2.

6.1. — *Ellipsocephalus Hoffi* (SCHLOT.). Barrande : Le système silurien de la Bohême, Prague 1852, étage C, pl. 10, fig. 26. Individu adulte, moule interne.

7.₁. — *Conocephalites coronatus* BARRANDE. Barrande : Le système silurien de la Bohème, Prague 1852, étage C, pl. 13, fig. 23.

8.₁. — *Conocephalites Sulzeri* (SCHLOT.). Barrande : Le système silurien de la Bohème, Prague 1852, étage C, pl. 14, fig. 8.

9.₁. — *Agnostus nudus* BEYR. Barrande : Le système silurien de la Bohème, Prague 1852, étage C, pl. 49, fig. 6. — a) Individu grossi 2 fois 1/2, moule interne. — b) Individu grandeur naturelle, moule interne.

10.₁. — *Agnostus pisiformis* AL. BRONGN. Rœmer : Lethæa palæozoica, Stuttgart 1876, pl. 1, fig. 2. — a) Individu grossi 2 fois 1/2 (copie d'après Angelin). — b) Fragment de calcaire noir garni de têtes et de pygidiums.

11.₁. — *Obolus Apollinis* EICHWALD. Walcott : Cambrian Brachiopoda. United States Geological Survey, 1912, 2ᵉ p. pl. VII, fig. 10, Intérieur de la valve ventrale, grossie 4 fois.

12.₁. — *Obolus Salteri* (HOLL.). Walcott : Cambrian Brachiopoda, United States Geological Survey, 1912, 2ᵉ p., pl. XV, fig. 4 a. Extérieur de la valve ventrale, grossie 4 fois.

13.₁. — *Oldhamia antiqua* FORBES. De Lapparent : Traité de Géologie, 1906, t. II, fig. 239.

14.₁. — *Dictyonema sociale* SALTER. Salter : Memoirs of the Geological Survey, London 1866, pl. 4, fig. 1a, 1b, 1c.

15.₁. — *Archæocyathus infundibulum* BORNEMANN. Bornemann : Versteinerungen des Cambrischen Schichtensystems, Halle 1886, pl. IX. Plaque de grès grandeur naturelle ; trois individus reconstitués.

2 — ORDOVICIEN

1.2. — *Scolithus linearis* HALL. James Hall : Paléontologie·de New York, Albany 1847, vol. I, pl. 1, fig. 1a.

2.2. — *Didymograptus Murchisoni* SOWERBY. Sowerby in Murchison : The Silurian System, Londres 1839, pl. 26, fig. 4.

3.2. — *Conularia pyramidata* HŒNINGHAUS. Barrande : Le système silurien du centre de la Bohème. Prague 1867. Etage D, vol. III, pl. 2, fig. 1 et 4. — *a)* spécimen tronqué, non comprimé, et vu par la grande face, moule interne. — *b)* section transverse réduite à moitié des diamètres et prise vers le milieu de la longueur.

4.2. — *Orthis redux* BARRANDE. Barrande : Silurische Brachiopoden aus Böhmen, Wien 1847, pl. XVIII, fig. 7.

5.2. — *Orthis actoniæ* Sow. Salter : Memoirs of the geological Survey, London 1866, pl. 21, fig. 1 et 7. — *a)* valve ventrale. — *b)* valve dorsale.

6.2. — *Lingula Lesueuri* ROUAULT. Davidson : Geological Magazine, 1880, 2ᵉ sem., vol. VII, pl. X, fig. 7.

7.2. — *Modiolopsis prima* (D'ORBIGNY). Echantillon de la collection de la Faculté des Sciences de Lille.

8.2. — *Cruziana rugosa* D'ORBIGNY. Echantillon du Muséum de Nantes.

9.2. — *Homalonotus Brongniarti* ROUAULT. — *a)* Bouclier vu de face. Deslongchamps : Mém. de la Soc. linnéenne du Calvados 1825, pl. XIX, fig. 1A. — *b)* Pygidiums. Salter : British Trilobites, Lower Silurian, Londres 1865, pl. 13, fig. 9.

10.2. — *Asaphus armoricanus* DE TROMELIN. Echantillon de la coll. de la Faculté des Sciences de Lille.

11.2. — *Niobe Homfrayi* SALTER. Salter : Mem. of the Geological Survey, London 1866, pl. 6, fig. 5.

12.2. — *Euloma Filacovi* MUNIER-CHALMAS et J. BERGERON. Bull. Soc. Géol. de France, 3ᵉ s., t. XXIII, pl. IV, fig. 3. Individu adulte.

13.2. — *Trinucleus ornatus* (STERNBERG). Barrande : Le système silurien de la Bohème, Pràgue 1852, étage D, pl. 30, fig. 53. Individu adulte conservant une partie de son test sur le limbe à droite.

14.2. — *Acidaspis Buchi* BARRANDE. Barrande : Le système silurien de la Bohème, Prague 1852, étage D, pl. 37, fig. 25. Individu légèrement restauré d'après des exemplaires presque complets conservés dans les quartzites.

15.2. — *Dalmanites socialis* BARRANDE. Barrande : Le système silurien de la Bohème, Prague 1852, étage D, pl. 26, fig. 16.

16.₂. *Calymene Aragoi* ROUAULT. Barrande : Le système silurien de la Bohême, étage D, suppl., vol. I, pl. 8, fig. 11.

17.₂. — *Calymene Tristani* AL. BRONGNIART. Echantillon du Muséum de Nantes. Grandeur naturelle. — *a)* Individu à plat. — *b)* Individu enroulé.

18.₂. — *Illœnus giganteus* BURMEISTER. Echantillon du Muséum de Nantes, 2/3 grandeur naturelle.

— 15 —

3 — GOTHLANDIEN

1.3. — *Orthoceras bohěmicum* BARRANDE. Barrande : Le système silurien
de la Bohême, Prague 1866, étage E; vol. II, pl. 214,
fig. 12 et 13. — *a)* Section longitudinale montrant le siphon et
les cloisons bien conservés; toutes les parois sont tapissées
par une couche de spath calcaire blanc, un peu irrégulière et
mamelonnée. Tout le reste des cavités est rempli par le
calcaire compact noir. Aucune trace de dépôt organique.
— *b)* Section transverse. Barrande : Prague 1868, pl. 289,
fig. 7 et 8. — *c)* Spécimen vu par la face latérale. Il montre la
grande chambre presque complète, sauf le bord de l'ouverture,
et une série de loges aériennes dont les divisions sont cachées
par le test. Les anneaux obliques sont très prononcés sur le
bord ventral, tandis qu'ils disparaissent sur le bord dorsal.
Ils s'effacent aussi complètement vers la pointe de la coquille
qui est lisse. — *d)* Cloison terminale de la grande chambre,
montrant la position centrale du siphon.

2.3. — *Orthoceras styloideum* BARRANDE. Barrande : Le système silurien
de la Bohême, Prague 1870, vol. II, pl. 365, fig. 7 et 11.
— *b)* Cloison terminale montrant la position excentrique du
siphon.

3.3. — *Cyrtoceras miles* BARRANDE. Barrande : Le système silurien de la
Bohême, Prague 1866, étage E, 1ʳᵉ p., vol. II, pl. 110,
fig. 11 et 13. — *b)* Cloison montrant la position excentrique du
siphon.

4.3. — *Gomphoceras cylindricum* BARRANDE. Barrande : Le système silurien
de la Bohême, Prague 1866, étage E, vol. II, pl. 79, fig. 1 et 2.
— *a)* Spécimen vu par le côté ventral. — *b)* Spécimen vu par la
face latérale, montrant le profil de l'ouverture.

5.3. — *Cyathophyllum articulatum* HISINGER. Rœmer : Lethæa palæozoica,
Stuttgart 1876, pl. 10, fig. 2.

6.3. — *Bronteus palifer* BEYR. Barrande : Le système silurien de la Bohême,
Prague 1852, étage F, pl. 8, fig. 31. Individu étendu montrant
10 segments thoraciques. Dans l'original, la tête et le pygidium
sont ployés à 90° par rapport au thorax.

7.3. — *Favosites gothlandica* (GOLD.). Goldfuss : Petrefacta germaniæ,
Dusseldorf 1826, pl. XXVI, fig. 3. — *a)* Echantillon grandeur
naturelle. — *b)* Un fragment grossi.

8.3. — *Halysites catenularia* M. EDWARDS et HAIME. Rœmer : Lethæa
palæozoica, Stuttgart 1876, pl. 9, fig. 6a.

9.3. — *Encrinurus punctatus* EMMRICH. Rœmer : Lethæa palæozoica,
Stuttgart 1876, pl. 17, fig. 8a.

10.3. — *Calymene Blumenbachi* AL. BRONGNIART. Rœmer : Lethæa
palæozoica, Stuttgart 1876, pl. 17, fig. 15.

11.3. — *Homalonotus delphinocephalus* GREEN. Salter : British Trilobites,
Londres 1865, pl. 11, fig. 1.

12.₃. — *Dayia navicula* Sow. Barrois, Pruvost et Dubois : Descr. Faune siluro-dévonienne de Liévin. Mém. Société Géologique du Nord 1920, t. VI. Mém. II, pl. XIII, fig. 1, a, b, c. — *a)* vue ventrale. — *b haut)* vue dorsale. — *c)* vue frontale. — *b bas)* vue latérale.

13.₃. — *Strophomena rhomboidalis* WILCKENS. Davidson : British fossil brachiopoda, Londres 1871, pl. XXXIX. — *a)* extérieur de la valve dorsale. — *b)* intérieur de la valve dorsale. — *c)* extérieur de la valve ventrale. — *d)* intérieur de la valve ventrale.

14.₃. — *Cardiola interrupta* SOWERBY. Sowerby in Murchison : The Silurian system, Londres 1839, pl. 8, fig. 5.

15.₃. — *Pentamerus Knightii* Sow. Davidson : A Monograph of British Brachiopoda ; p. II, London 1854, pl. VII, fig. 116. Section longitudinale.

16.₃. — *Monograptus priodon* (BRONN). Barrande : Les Graptolites de Bohème, Prague 1850, pl. I, fig. 1, 3 et 6. — *a)* Tige enroulée et tordue vers l'extrémité en croissance. — *b)* Tige presque droite, partie adulte. — *c)* Fragment grossi, vu de côté. — *d)* Le même, vu de face. — *e)* Le même, coupe longitudinale.

17.₃. — *Monograptus turriculatus* (BARRANDE). Barrande : Les Graptolites de Bohème, Prague 1850, pl. 4, fig. 7, 8 et 10. — 7, individu très jeune (1ᵉʳ âge). — 8, individu très jeune (2ᵉ âge). — 10, individu adulte (4ᵉ âge).

18.₃. — *Rastrites peregrinus* BARRANDE. Barrande : Les Graptolites de Bohème, Prague 1850, pl. 4, fig. 6. Partie adulte et partie en croissance.

19.₃. — *Diplograptus palmeus* (BARRANDE). Barrande : Les Graptolites de Bohème, Prague 1850, pl. 3, fig. 1. Variété *tenuis ;* exemplaire élargi vers le bas ; axe nu.

20.₃. — *Climacograptus scalaris* LINNÉ. Salter : Memoirs of the Geological Survey, London 1866, pl. 11A, fig. 1c et 3c. Chaque échantillon est grossi deux fois.

21.₃. — *Pterygotus buffaloensis* POHLMAN. Clarke et Ruedemann : New-York State Museum, Mem. 14, vol. II, Albany 1912, pl. 67. Individu reconstitué et vu par l'aspect dorsal. Environ 1/20 grandeur naturelle.

4 — DÉVONIEN INFÉRIEUR

1.₄. — *Pleurodictyum problematicum* GOLDFUSS. Rœmer : Lethæa palæozoica, Stuttgart 1876, pl. 23, fig. 1.

2.₄. — *Chonetes plebeia* SCHNUR. Schnur : Brachiopodes de l'Eifel, Cassel 1853, p. 226, pl. XLII, fig. 6.

3.₄. — *Orthis Monnieri* ROUAULT. Trois fragments d'échantillons du Muséum de Nantes.

4.₄. — *Leptœna Murchisoni* var. A DE VERNEUIL et D'ARCHIAC. Bull. de la Société Géologique de France. (Notice sur les fossiles de la province des Asturies). 2ᵉ s., Paris 1845, pl. XV, fig. 7, a, b, c.

5.₄. — *Pentamerus galeatus* CONRAD. Rœmer : Lethæa palæozoica, Stuttgart 1876, pl. 13, fig. 4.

6.₄. — *Pentamerus Sieberi* VON BUCH. Barrande : Silurische brachiopoden aus Böhmen, Wien 1847, pl. XXI, fig. 1 a, b.

7.₄. — *Conchidium acutilobatum* (SANDB.). Sandberger : Rheinischen Schichtensystems in Nassau, Wiesbaden 1850-1855, pl. XXXIII, fig. 15.

8.₄. — *Uncinulus subwilsoni* (D'ORBIGNY). Bayle : Explication de la carte géologique de France, Paris 1878, pl. XI, fig. 11, 12, 15 et 16. — *a)* individu adulte, présentant le léger bourrelet médian de la valve dorsale et les stries fines dont elle est ornée. — *b)* le même, valve ventrale. — *c)* le même, vu de côté. — *d)* le même, posé pour montrer le sinus du bord frontal.

9.₄. — *Spirifer Rousseaui* ROUAULT. Bayle : Explication de la carte géologique de France, Paris 1878, pl. XIV, fig. 7 et 8.

10.₄. — *Spirifer paradoxus* QUENSTEDT. Schnur : Brachiopodes de l'Eifel, Cassel 1853, pl. XXXIIᵇ, fig. 1 a, b, c.

11.₄. — *Spirifer Venus* D'ORBIGNY. Bayle : Explication de la carte géologique de France, Paris 1878, pl. XIV, fig. 9 et 10.

12.₄. — *Spirifer Venus* D'ORBIGNY. (Types du Prodrome de d'Orbigny, pl. V.). Boule : Annales de Paléontologie, t. I, f. IV, Paris, novembre 1906, pl. XXI des Annales.

13.₄. — *Athyris undata* (DEFRANCE). Bayle : Explication de la carte géologique de France, Paris 1878, pl. XII, fig. 11 et 12. — *a)* Individu adulte, montrant la valve dorsale avec son gros bourrelet médian et le crochet de la valve ventrale terminé par un large trou sans deltidium. — *b)* moule interne bien conservé.

14.₄. — *Pterinea retroflexa* WAHLENBERG. Leriche : Descr. Faune siluro-dévonienne de Liévin. Mémoires Société géologique du Nord, t. VI. Mém. II, pl. VII, fig. 13 et 18. — *a)* une valve droite. — *b)* une valve gauche d'un autre individu.

15.₄. — *Grammysia cingulata* HISINGER. Leriche : Descr. Faune siluro-dévonienne de Liévin. Mémoires Société géologique du Nord, t. VI. Mém. II, pl. VIII, fig. 1. Coquille bivalve. La côte umbono-ventrale est bien marquée à la valve droite ; elle est à peine indiquée à la valve gauche.

16.₄. — *Cryphœus Michelini* (ROUAULT). Bayle : Explication de la carte géologique de France, Paris 1878, pl. IV, fig. 11 et 12. — *a*) Tète d'un individu de la plus grande taille connue, dont les yeux sont détruits, mais dont les pointes génales sont intactes. — *b*) Abdomen d'un autre individu montrant les pointes dont son pourtour est orné, mais qui sont presque toutes brisées à leur extrémité.

17.₄. — *Homalonotus Gervillei* DE VERNEUIL. Bayle : Explication de la carte géologique de France, Paris 1878, pl. II, fig. 1 et 3. — *a*) Tète d'un individu de grande taille, dont les yeux ne sont pas conservés. — *b*) Abdomen d'un grand individu.

18.₄. — *Pteraspis rostrata* AGASSIZ. Reconstitution au 1/3 de la gr. nat. d'un individu d'après Woodward. Handwörterbuch der Naturwissenschaften, 3ᵉ vol., Iéna 1913, p. 1112, fig. 8.

19.₄. — *Pteraspis Crouchi* LANKESTER. Leriche : Pteraspis de Liévin. Annales Société géologique du Nord, t. XXXII, 1903, pl. V, fig. 2. Plaque médiane avec épine rejetée latéralement.

5 — DÉVONIEN MOYEN

1.₅. — *Calceola sandalina* (LINNÉ). Bayle : Explication de la carte géologique de France, Paris 1878, pl. XIX, fig. 5, 6 et 9. — *a*) Individu de taille moyenne posé sur l'aréa de la valve ventrale. — *b*) Le même posé sur la valve dorsale. — *c*) Intérieur de la valve dorsale.

2.₅. — *Spirifer cultrijugatus* RŒMER. (Type de l'Eifel). Béclard : Les Spirifères du Coblentzien belge. Bruxelles, novembre 1895. Bull. de la Société belge de Géologie, t. IX, 1895, pl. XIII, fig. 1.

3.₅. — *Spirifer speciosus* SCHNUR. Schnur : Brachiopodes de l'Eifel, Cassel 1853, pl. X, fig. 2.

4.₅. — *Phacops latifrons* BURMEISTER. Rœmer : Lethæa palæozoica, Stuttgart 1876, pl. 31, fig. 2. — *a*) Tête d'un grand exemplaire. — *b*) Individu de grandeur ordinaire. — *c*) Le même vu de côté, enroulé.

5.₅. — *Atrypa reticularis* LINNÉ. Davidson : British devonian brachiopoda, Londres 1865, part. VI, sec. p., pl. X, fig. 3.

6.₅. — *Megalodon cucullatus* GOLDFUSS. Rœmer : Lethæa palæozoica, Stuttgart 1876, pl. 32, fig. 3.

7.₅. — *Stringocephalus Burtini* DEFRANCE. Schnur : Brachiopodes de l'Eifel, Cassel 1853, pl. XXVIII, fig. 5.

8.₅. — *Uncites gryphus* SCHLOTHEIM. Schlotheim : Merkwürdige Versteinerungen aus der Petrefactensammlung, Gotha 1832, pl. XIX, fig. 1.

9.₅. — *Athyris concentrica* (VON BUCH). Bayle : Explication de la carte géologique de France, Paris 1878, pl. XII, fig. 9 et 10. — *a*) Individu adulte, montrant la valve dorsale et le crochet perforé de la valve ventrale. — *b*) le même, vu par la valve ventrale.

10.₅. — *Cyathophyllum quadrigeminum* GOLDFUSS. Goldfuss : Petrefacta Germaniæ, Dusseldorf, 1826, pl. XVIII, fig. 6 b.

11.₅. — *Stromatopora verrucosa* (GODFUSS). Goldfuss : Petrefacta Germaniæ, Dusseldorf, 1826, pl. X, fig. 6a, 6c. — *a*) coupe. — *b*) surface.

12.₅. — *Bothriolepis canadensis* (WHITEAVES). Echantillon provenant de Scaumenac bay (baie des chaleurs), province de Québec ; grandeur naturelle, coll. de la Faculté des Sciences de Lille.

13.₅. — *Pterichtys Milleri* AGASSIZ. Handwörterbuch der Naturwissenschaften, 3e vol., Iéna 1913, p. 1114, fig. 12 c. Reconstitution vue de côté avec les organes rameurs allongés en avant, d'après Abel. 1/2 grandeur naturelle.

6 — DÉVONIEN SUPÉRIEUR

1.₆. — *Receptaculites Neptuni* DEFRANCE. Ech. de la collection de la Faculté des Sciences de Lille, vu de profil ; grandeur naturelle.

2.₆. — *Cyathophyllum hexagonum* GOLDFUSS. Milne-Edwards et Haime : A monograph of the british fossil corals, London 1853, pl. 50, fig. 4 et 4a.

3.₆. — *Acervularia ananas* (GOLDFUSS). Goldfuss : Petrefacta Germaniæ ; pl. XIX, fig. 4a, Dusseldorf 1826.

4.₆. — *Cardiola retrostriata* KEYSERLING (= *Cardium palmatum* GOLDFUSS). Rœmer : Lethæa palæozoica, Stuttgart 1876, pl. 35, fig. 16. — a et b). Individu grand. naturelle. — c) figure a grossie. — d) un fragment grossi.

5.₆. — *Spirifer Verneuili* MURCHISON. Murchison : 6 avril 1840 ; Mémoire sur les roches dévoniennes qui se trouvent dans le Boulonnais et les pays limitrophes. Bull. Soc. géol. de France, 1ᵉ s., t. XI, pl. II, page 251, fig. 3a, b, d.

6.₆. — *Orthis striatula* D'ORBIGNY. Schnur : Brachiopodes de l'Eifel, Cassel 1853, pl. XXXVIII, fig. 1.

7.₆. — *Rhynchonella cuboides* (SOWERBY). Schnur : Brachiopodes de l'Eifel, Cassel 1853, pl. XLV, fig. 4.

8.₆. — *Goniatites (Tornoceras) retrorsus* VON BUCH. Rœmer : Lethæa palæozoica, Stuttgart 1876, pl. 35, fig. 9.

9.₆. — *Goniatites (Manticoceras) intumescens* BEYRICH. Rœmer : Lethæa palæozoica, Stuttgart 1876, pl. 35, fig. 10.

10.₆. — *Clymenia undulata* MUNSTER. Rœmer : Lethæa palæozoica, Stuttgart 1876, pl. 36, fig. 1.

7 — DINANTIEN

1.7. — *Michelinia favosa* DE KÒNINCK. Rœmer : Lethæa palæozoica, Stuttgart 1876, pl. 39, fig. 7. — *a*) Vu par le haut, — *b*) Vu par en-dessous.

2.7. — *Amplexus coralloides* SOWERBY. Michelin : Iconographie zoophyto-logique, (Polypiers fossiles de France), Paris 1840 à 1847, pl. 59, fig. 6.

3.7. — *Caninia cornucopiæ* MICHELIN. Michelin : Iconographie zoophyto-logique, Paris 1840 à 1847, pl. 59, fig. 5.

4.7. — *Pentremites florealis* SAY. (= *Pentatrematites* RŒMER). Rœmer : Lethæa palæozoica, Stuttgart 1876, pl. 41, fig. 3. — *a*) Vu de côté. — *b*) Vu par dessus. — *c*) Vu par en-dessous.

5.7. — *Chœtetes radians* E. G. FISCHER. Zittel : Paléontologie, 1ᵉ p., p. 112, fig. 203.

6.7. — *Lithostrotion basaltiforme* PHILLIPS. Milne Edwards et Haime : A Monograph of the british fossil corals, London 1853, pl. 38, fig. 3 et 3a.

7.7. — *Orthis Michelini* LEVEILLÉ. Rœmer : Lethæa palæozoica, Stuttgart 1876, pl. 43, fig. 5.

8.7. — *Conocardium alæforme* H. G. BRONN. Rœmer : Lethæa palæozoica, Stuttgart 1876, pl. 44, fig. 4. — *a*) Vu de côté. — *b*) Vu par le dessus. — *c*) Vu par le bout avant.

9.7. — *Athyris lamellosa* DRVIDSON. Rœmer : Lethæa palæozoica, Stuttgart 1876, pl. 43, fig. 7.

10.7. — *Spirifer (Martinia) glaber* SOWERBY. Rœmer : Lethæa palæozoica, Stuttgart 1876, pl. 43, fig. 11.

11.7. — *Spirifer tornacensis* DE KONINCK. Ech. gr. nat. du Prof. Delépine, à la Faculté libre des Sciences de Lille.

12.7. — *Spirifer striatus* SOWERBY. Rœmer : Lethæa palæozoica, Stuttgart 1876, pl. 43, fig. 12.

13.7. — *Spirifer (Syringothyris) cuspidatus* W. MARTIN. Davidson : British carboniferous brachiopoda, London 1857-1862, pl. VIII, fig. 21, 22 et 23.

14.7. — *Bellerophon hiulcus* SOWERBY. Bayle : Explication de la carte géologique de France, Paris 1878, pl. CII, fig. 7.

15.7 — *Bellerophon bicarenus* LEVEILLÉ. De Koninck : Faune du calcaire carbonifère de Belgique, Bruxelles 1883, vol. II, 4ᵉ p., pl. 39, fig. 11, 12, 13. — *a*) Spécimen vu de face. — *b*) le même vu du côté opposé. — *c*) Le même vu de profil.

16.7. — *Posidonomya Becheri* H. G. Bronn. Rœmer : Lethæa palæozoica, Stuttgart 1876, pl. 38, fig. 2. — *a*) Grand exemplaire de la valve droite. — *b*) Fragment grossi.

17.7. — *Phillipsia gemmulifera* (Phillips). Bayle : Explication de la carte géologique de France, Paris 1878, pl. IV, fig. 22. Abdomen grandeur naturelle, vu en dessus.

18.7. — *Phillipsia pustulata* (Schlotheim). Baily : Fossiles caractéristiques anglais, Londres 1875, pl. 41, fig. 2.

19.7. — *Goniatites (Glyphioceras) diadema* Goldfuss. Murchison, Verneuil et Keyserling : Géologie de la Russie d'Europe et des monts de l'Oural, Londres, Paris 1845, vol. II, pl. XXVII, fig. 1.

20.7. — *Euomphalus pentangulatus* Sowerby. De Koninck : Faune du calcaire carbonifère de Belgique, Bruxelles 1881, vol. II, 3ᵉ p., pl. 15, fig. 1 et 2.

21.7. — *Nautilus Konincki* d'Orbigny. De Koninck : Faune du calcaire carbonifère de Belgique, Bruxelles 1878, vol. I, pl. 30, fig. 1.

22.7. — *Productus Cora* d'Orbigny. Annales de paléontologie 1914-1915, t. IX, pl. VI, fig. 4. — *a*) Vu par la valve ventrale. — *b*) Vu de côté (gr. nat.).

23.7. — *Productus semireticulatus* (W. Martin). Bayle : Explication de la carte géologique de France, Paris 1878, pl. XXI, fig. 1 et 2.

24.7. — *Productus giganteus* (W. Martin). Bayle : Explication de la carte géologique de France, Paris 1878, pl. XX, fig. 1. Individu de taille moyenne ; surface externe de la valve ventrale.

8 — MOSCOVIEN

1.8. — *Fusulina cylindrica* E. G. FISCHER. Zittel. Traité de Paléontologie, Paris 1883, p. 95, fig. 36. — *a*) Grandeur naturelle. — *b* et *c*) — Même espèce, grossie et entaillée. — *d*) Plusieurs loges avec leurs ouvertures de communication grossies.

2.8. — *Spirifer mosquensis* E. G. FISCHER. Davidson : British carboniferous brachiopoda, London 1857-1862, pl. IV, fig. 13.

3.8. — *Glyphioceras Beyrichianum* var. *biplex* DE KONINCK. Haug : Mém. de la Soc. géol. de France, Paris 1898. (Mémoire 18, tome VII). Etude sur les Goniatites, pl. XX, fig. 7 a, b, spécimen avec test.

AH — VÉGÉTAUX ANTÉRIEURS AU HOUILLER

Dessins de Paul Bertrand.

1.AH. — *Archæopteris hibernica* FORBES. Dévonien supérieur. Base d'une penne fructifiée.

2.AH. — *Psilophyton princeps* DAWSON. Dévonien inférieur. — *a*) Rameau bifurqué. — *b*) Envergnation.

3.AH. — *Dawsonites arcuatus* HALLE. Dévonien inférieur. Sporanges attribués à *Psilophyton princeps* DAWSON.

4.AH. — *Archæocalamites radiatus* (AD. BRONGNIART). Dévonien supérieur.

H — HOUILLER

1.H. — *Sphenophyllum cuneifolium* (STERNBERG). Westphalien. Zeiller :
Bassin houiller de Valenciennes, Paris 1886, pl. LXIII, fig. 6.
— *a*) Verticilles de feuilles vus à plat. — *b*) Une feuille grossie
(dessin de Paul Bertrand).

2.H. — *Sphenophyllum cuneifolium* var. *saxifragœfolium* (STERNBERG).
Westphalien. — *a*) Fragment d'une grande plaque portant
plusieurs rameaux avec épis de fructification. — *b*) Portion d'un
épi de la même plaque, grossi trois fois, montrant un
verticille de bractées vu en dehors. — *c*) Fragment de rameau
portant un verticille de feuilles. — *d* et *e*) Feuilles grossies
2 fois 1/2 (dessin de Paul Bertrand).

3.H. — *Asterophyllites equisetiformis* (SCHLOTHEIM). Tout le Houiller.
Zeiller : Bassin houiller de Valenciennes, Paris 1886, pl. LVIII,
fig. 1, 3 et 5. — *a*) Fragment de rameau muni de ramules
distiques. — *b*) Extrémité d'un ramule. — *c*) Fragment de
rameau portant une série d'épis de fructification. (Feuillage
de *Calamites Suckowi* et *Calamites Cisti*).

4.H. — *Calamites Cisti* AD. BRONGNIART. Tout le houiller. Zeiller : Bassin
houiller de Valenciennes, Paris 1883, pl. LVI, fig. 1 et 1A.
— *a*) Fragment de tige. — *b*) Portion du même échantillon,
grossie 7 fois, montrant les stries longitudinales qui occupent
les sillons placés entre les côtes, sur l'écorce charbonneuse, et
celles dont sont marquées les côtes elles-mêmes sur le moule
interne. Cicatrices foliaires. (Partie aérienne de *Calamites
Suckowi*).

5.H. — *Calamites Suckowi* AD. BRONGNIART. Westphalien. Zeiller : Bassin
houiller de Valenciennes, Paris 1886, pl. LIV, fig. 2 et 2A.
— *a*) Partie inférieure d'une tige couchée à la base, puis se
redressant peu à peu verticalement, 1/2 gr. nat. — *b*) Portion du
même échantillon, grossie 3 fois 1/2, montrant les stries
longitudinales des côtes. (Partie souterraine).

6.H. — *Carbonicola acuta* Sow. Westphalien, assise de Vicoigne. Echantillon du Musée houiller de Lille.

7.H. — *Naiadites modiolaris* Sow. Westphalien, assise d'Anzin. Echantillon du Musée houiller de Lille.

8.H. — *Anthracomya modiolaris* Sow. Westphalien, assise d'Anzin. Echantillon du Musée houiller de Lille.

9.H. — *Anthracomya Phillipsi* WILLIAMSON. Westphalien, assise de Bruay.
Echantillon du Musée houiller de Lille.

10.H. — *Calamites ramosus* ARTIS. Westphalien. Weiss : Steinkohlen-
calamarien, Berlin 1884, pl. X, fig. 1, 1/2 gr. nat.

11.H. — Surface de *Calamites ramosus* ARTIS. Westphalien. Kidston et
Yougmans : Monograph of Calamites, pl. 41, fig. 1.

12.H. — *Annularia radiata* (AD. BRONGNIART). Westphalien. Bayle et
Zeiller : Explication de la carte géologique de France,
pl. CLX, fig. 1. Fragment d'une plaque présentant plusieurs
verticilles de feuilles. (Feuillage de *Calamites ramosus*).

13 H. — *Annularia stellata* (SCHLOTHEIM). Stéphanien. Bayle : Explication
de la carte géologique de la France, Paris 1878, pl. CLX, fig. 2.
Fragment de rameau portant trois verticilles de feuilles.

14 II. — *Stigmaria*... (Genre de AD. BRONGNIART) Tout le Houiller. Schimper :
Paléontologie végétale, Paris 1874, pl. LXIX, fig. 7. Portion
de racine avec radicelles, grandeur naturelle. — *a* et *b*) *Stig-*
maria en place, très réduit. — *c*) *Stigmaria ficoides* (STERN-
BERG) d'après un éch. conservé au Musée d'Histoire naturelle
de Bonn.

15.H. — *Sigillaria scutellata* AD. BRONGNIART. Westphalien. Brongniart :
Histoire des végétaux fossiles, Paris 1828-1836, pl. 150, fig. 2.

16.H. — *Lepidodendron aculeatum* STERNBERG. Westphalien. Zeiller :
Bassin houiller de Valenciennes, Paris 1886, pl. LXV,
fig. 1A et 2. — *a*) Fragment d'un grand éch. présentant d'un
côté l'écorce elle-même en relief, et de l'autre l'empreinte en
creux de la face postérieure de l'anneau cortical de la même
tige. — *b*) Moulage en relief d'un coussinet foliaire.

17.II. — *Sphenopteris Hœninghausi* AD. BRONGNIART. Westphalien. (Cliché
de Paul Bertrand).

18 H. — *Sphenopteris neuropteroides* BOULAY. Westphalien. (Cliché de
Paul Bertrand).

19.H. — *Sphenopteris striata* GOTHAN. Westphalien supérieur. (Dessins de
Paul Bertrand). — *a*) Penne stérile, grossie 3 fois. — *b*) Inflorescence mâle, grossie 2 fois 1/2 (d'après A. Carpentier). — *c*) Un
groupe de sacs polliniques, grossi 7 fois (d'après A. Carpentier). — *d*) Inflorescence femelle, grossie 2 fois 1/2 (d'après
A. Carpentier). — *e*) Une graine dans sa cupule, grossie 7 fois
(appliquée à un dessin de A. Carpentier). Des photographies de
cupules, de graines et de sacs polliniques ont été exécutées,
d'après nature, par A. Carpentier (Mém. de la Soc. géol. du
Nord, t. VII, II, pl. 9 et 10, 1913).

20.H. — *Pecopteris pennæformis* AD. BRONGNIART. Westphalien. (Cliché et
dessin (*a*) de Paul Bertrand).

21.H. — *Pecopteris arborescens* (SCHLOTHEIM). Stéphanien. Renault et
Zeiller : Flore houillère de Commentry ; Industrie minérale,
3e s, t. II, 1888, pl. XI, fig. 2. Grandeur un peu réduite.
— *b*) Dessin de Paul Bertrand.

22.II. — *Alethopteris lonchitica* (ZEILLER). Westphalien. (Cliché de
Paul Bertrand).

23.H. — *Lonchopteris rugosa* AD. BRONGNIART. Westphalien moyen.
(Cliché de Paul Bertrand).

24.H. — *Neuropteris flexuosa* (AD. BRONGNIART). Westphalien. (Groupe de *Heterophylla*). Brongniart : Histoire des végétaux .fossiles, Paris 1828-1836, pl. 68, fig. 2 et 2A.

25.H. — *Glossopteris Browniana* AD. BRONGNIART. Permo-Trias de Gondwana. Brongniart : Histoire des végétaux fossiles, Paris 1828-1836, pl. 62; fig. 1 et 1A. — *a*) Echantillon 2/3 grandeur naturelle. — *b*) Un fragment grossi, montrant les nervures.

26.H. — *Linopteris sub-Brongniarti* GRAND' EURY. Westphalien supérieur. Echantillon de Paul Bertrand. Pinnule grossie 2 fois (dessin de Paul Bertrand).

27.H. — *Odontopteris Reichi* GUTBIER. Stéphanien. Bayle et Zeiller : Explication de la carte géologique de France : pl. CLXVI, fig. 1 et 2. — *a*) Echantillon grandeur naturelle. — *b*) Pinnule grossie, montrant le détail de la nervation.

28.H. — *Mariopteris muricata* (SCHLOTHEIM). Westphalien. Zeiller : Bassin houiller de Valenciennes, Paris 1886, pl. XXII, fig. 2 et 2A. — *a*) Penne primaire quadripartite appartenant à la région moyenne de la fronde, présentant réunis les caractères des deux formes principales, formé *typica* et forme *nervosa*. — *b*) Portion inférieure d'une penne secondaire du même échantillon, grossie 2 fois.

29.H. — *Cordaites lingulatus* GRAND' EURY. Base du Stéphanien moyen. Grand' Eury : Flore carbonifère du département de la Loire, Paris 1877, Imp. nat., pl. XX. — *a*) Origine et *b*) extrémité d'une même feuille longue de 0 m. 50. — *c*) Ensemble de la feuille adulte réduit. — *d*) Feuille jeune. — *e*) Extrémité d'un rameau, 1/12 gr. nat.

10 — PERMIEN (AUTUNIEN)

1.10. — *Walchia piniformis* STERNBERG. Rœmer, Lethæa palæozoica, Stuttgart 1876, pl. 58, fig. 6 a, b.

2.10. — *Protrilon petrolei* GAUDRY. Gaudry : Annales de Paléontologie, Paris, mars 1910, t. V, fasc. 1, pl. 1, fig 3 et 4.

3.10. — *Palæoniscus Blainvillei* AGASSIZ. Gaudry : Les enchaînements du monde animal, fossiles primaires, Paris 1883, p. 235, fig. 241, grandeur naturelle.

4.10. — *Palæoniscus Freieslebeni* AGASSIZ. Rœmer : Lethæa palæozoica, Stuttgart 1876, pl. 61, fig. 1. — *a*) Un petit exemplaire. — *b*) Un fragment de la carapace, grandeur naturelle. — *c*) Le même fragment grossi.

11 — PERMIEN (SAXONIEN)

1.₁₁. — *Callipteris conferta* (STERNBERG). Zeiller : Bassin houiller de Blanzy et du Creusot, Imp. nat., 1906, pl XVIII, fig. 1. — *a*) Fragment de fronde. — *b*) Schéma de pinnules (dessin de Paul Bertrand).

2.₁₁. — *Spirifer alatus* (SCHLOTHEIM). Davidson : Bristish fossil brachiopoda, Londres 1857-1862, vol. II, partie V, pl. I, fig. 25.

3.₁₁. — *Medlicottia Orbignyanum* (DE VERNEUIL). Murchison, de Verneuil et Keyserling : Géologie de la Russie d'Europe et des monts de l'Oural, Paris 1845, vol. II, pl XXVI, fig. 6 a, b.

12 — PERMIEN (THURINGIEN)

1.₁₂. — *Ullmannia Bronni* GŒPPERT (= *Cupressus Ullmanni* H. G. BRONN).
Rœmer : Lethœa palæozoica, Stuttgart 1876, pl. 60, fig. 3 et 4.
— *a*) La même doublée. — *b*) Une feuille grandeur naturelle.
Deux aspects de cônes.

2.₁₂. — *Fenestella retiformis* LONSDALE. Rœmer : Lethœa palæozoica,
Stuttgart 1876, pl. 62, fig. 5. — *a*) Echantillon grandeur naturelle. — *b*) Fragment grossi.

3.₁₂. — *Strophalosia Goldfussi* MUNSTER. Davidson : British fossil brachiopoda, Londres 1858-1863, vol II, pl. III, fig. 3 et 4. — *a*) Individu
grossi 3 fois. — *b*) Individu gr. nat. vu par la valve dorsale
et de côté.

4.₁₂. — *Schizodus obscurus* KING. Rœmer : Lethœa palæozoica,
Stuttgart 1876, pl. 62, fig. 16. — *a*) Vu par la valve droite.
— *b*) Vu de côté. — *c*) Charnière de la valve gauche de *Schizodus
truncatus*. — *d*) Charnière de la valve droite de *Schizodus
truncatus*.

5.₁₂. — *Productus horridus* J. DE C. SOWERBY. Bayle : Explication de
la carte géologique de France, Paris 1878, pl. XXII,
fig. 3, 4, 5 et 6. — *a*) Individu de grande taille, valve ventrale
avec base de plusieurs épines brisées. — *b*) Autre individu posé
sur la valve ventrale. — *c*) Granulations de la surface du
moule interne. — *d*) Face externe de la valve ventrale et base
des épines de la région cardinale.

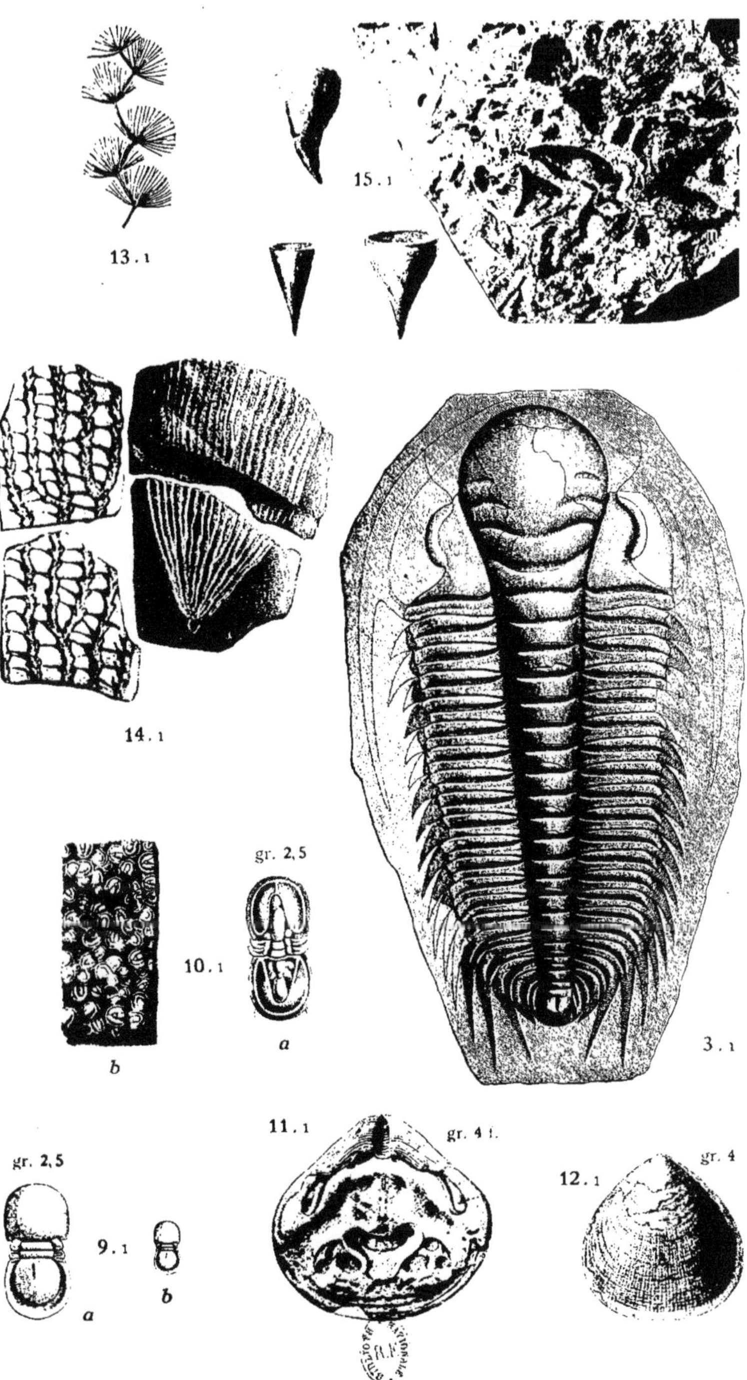

13.1
15.1
14.1
gr. 2,5
10.1
b
a
3.1
gr. 2,5
9.1
a
b
11.1
gr. 4 !.
12.1
gr. 4

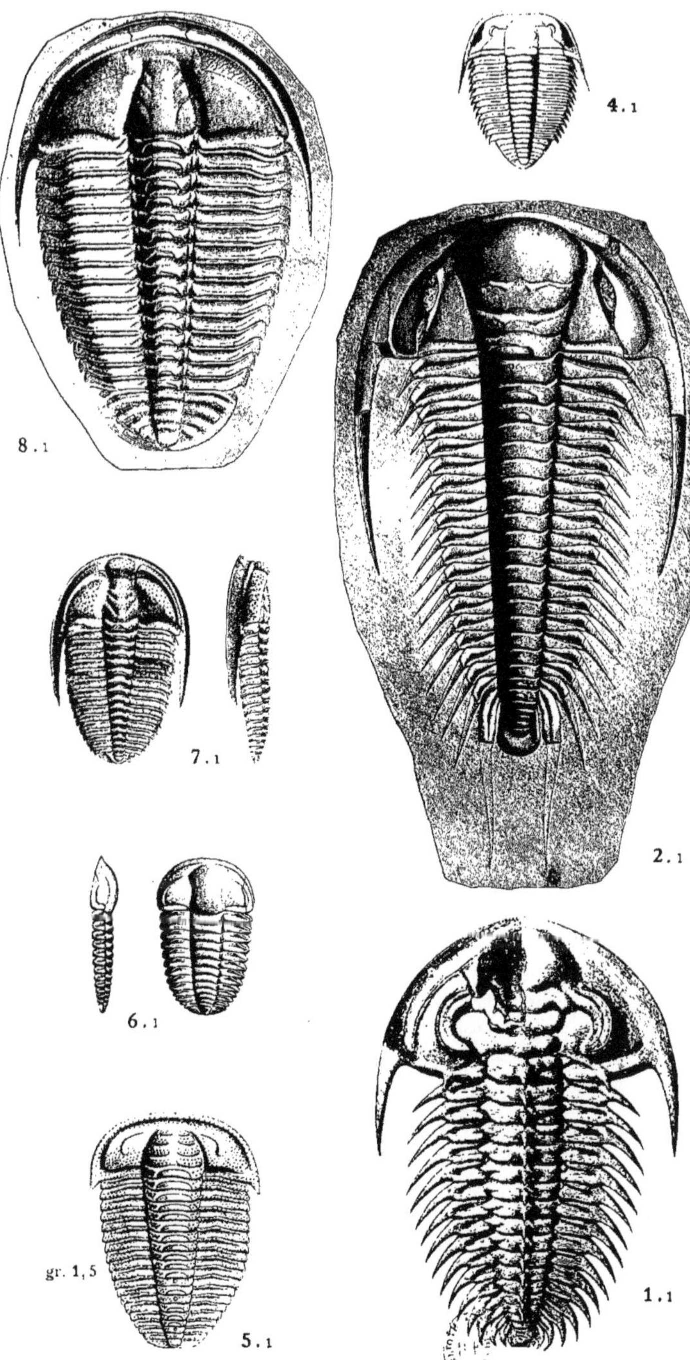

8.1
4.1
7.1
2.1
6.1
gr. 1,5
5.1
1.1

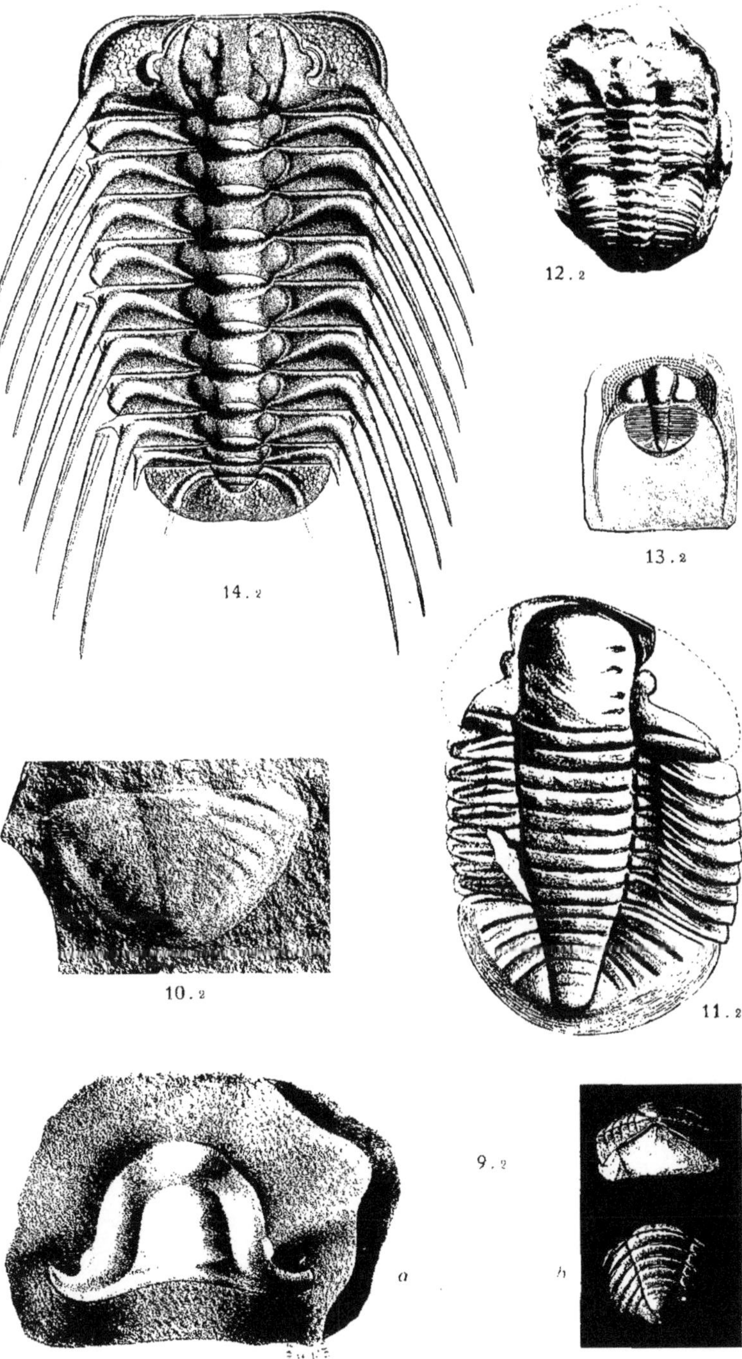

14.₂

12.₂

13.₂

10.₂

11.₂

9.₂

a

b

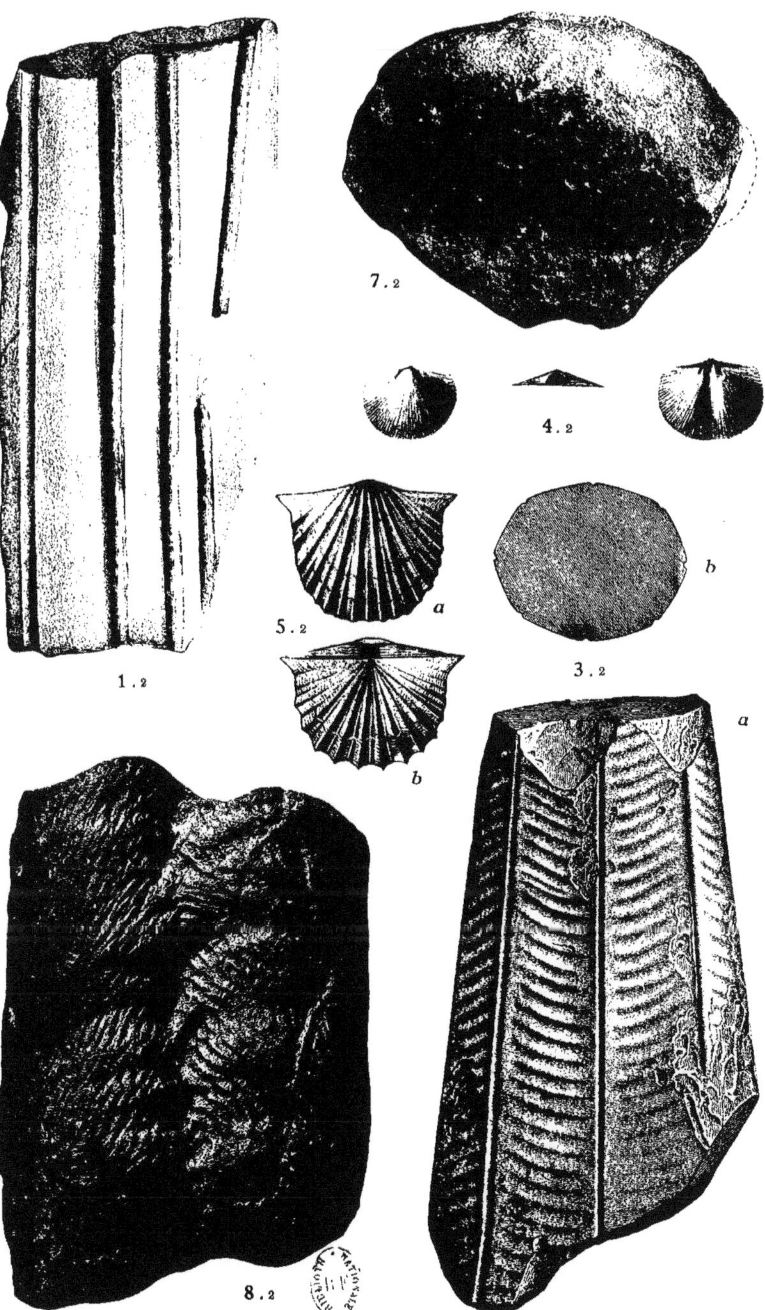

1.2
7.2
4.2
5.2
a
b
3.2
a
b
8.2
a

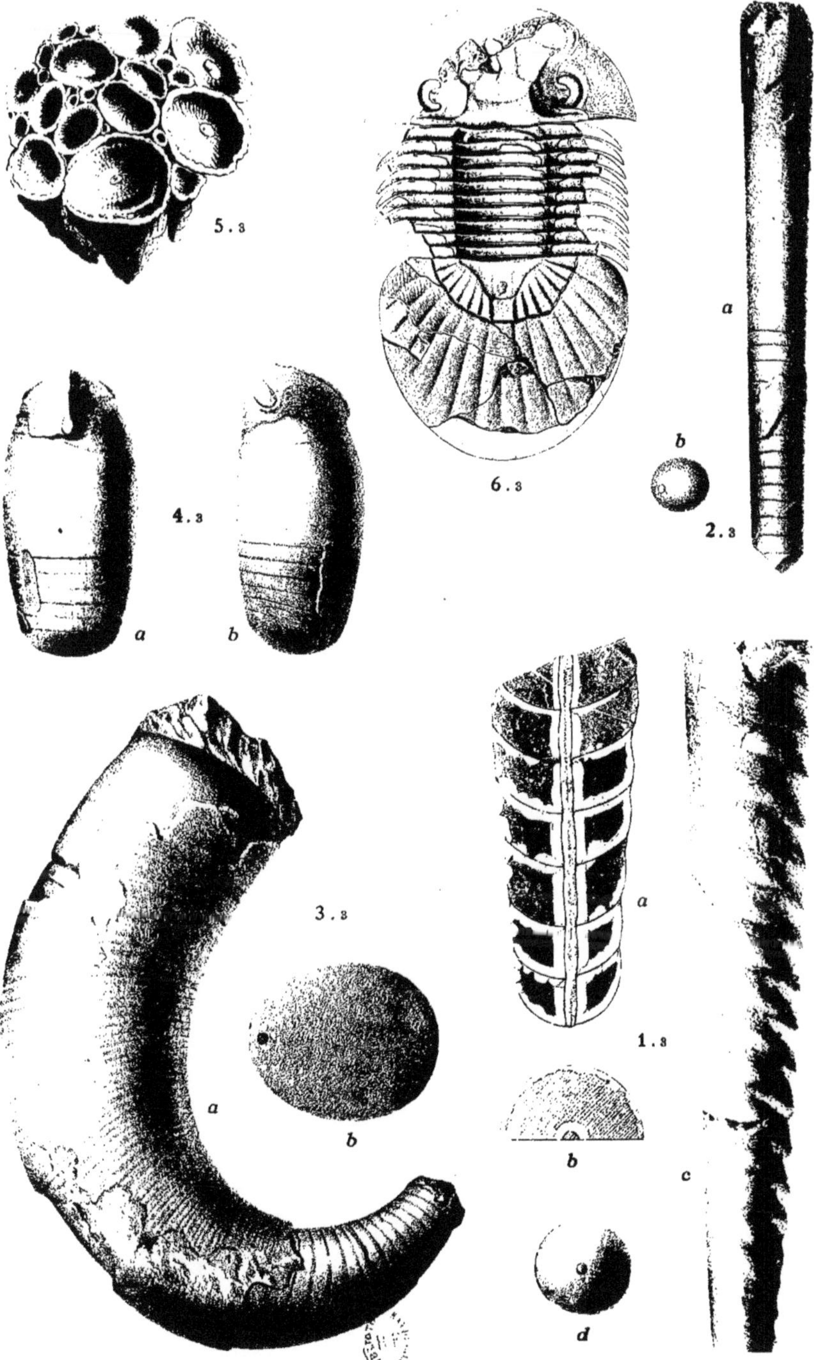

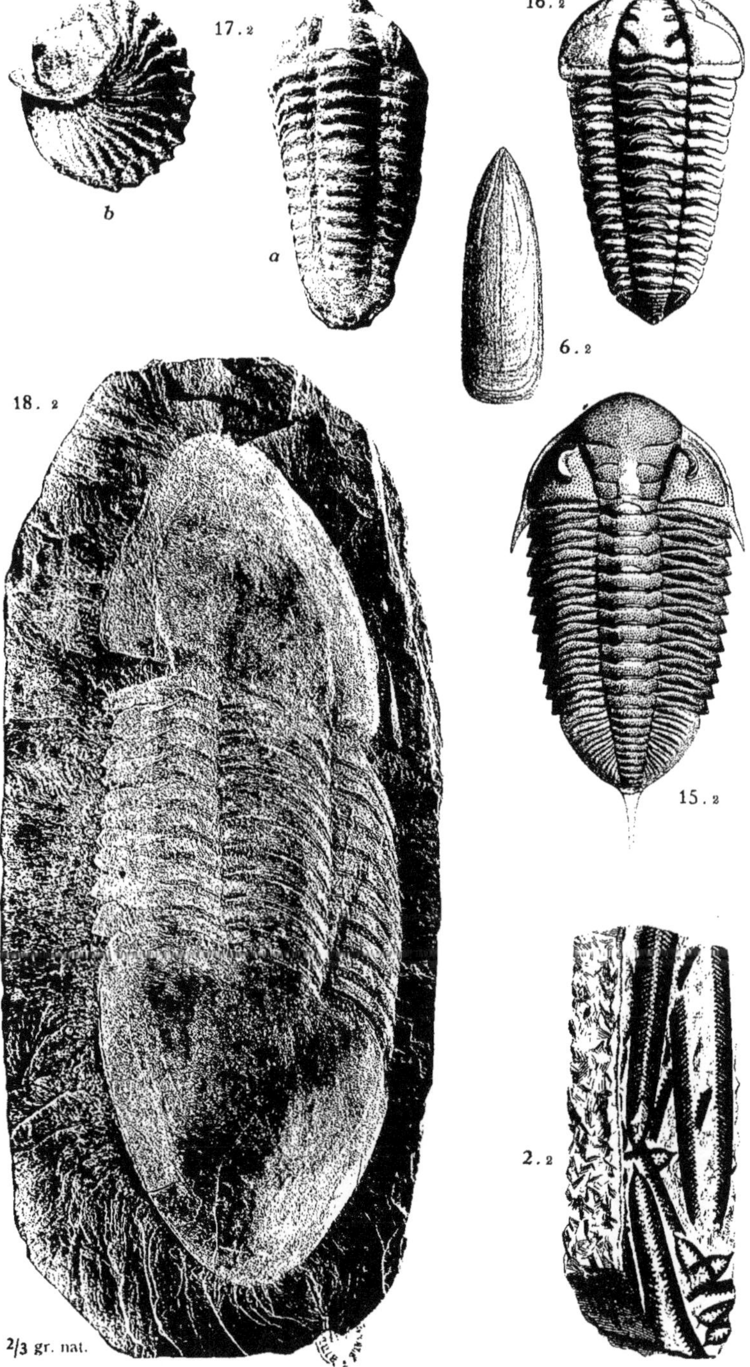
17. 2
b
a
16. 2
6. 2
18. 2
15. 2
2. 2
2/3 gr. nat.

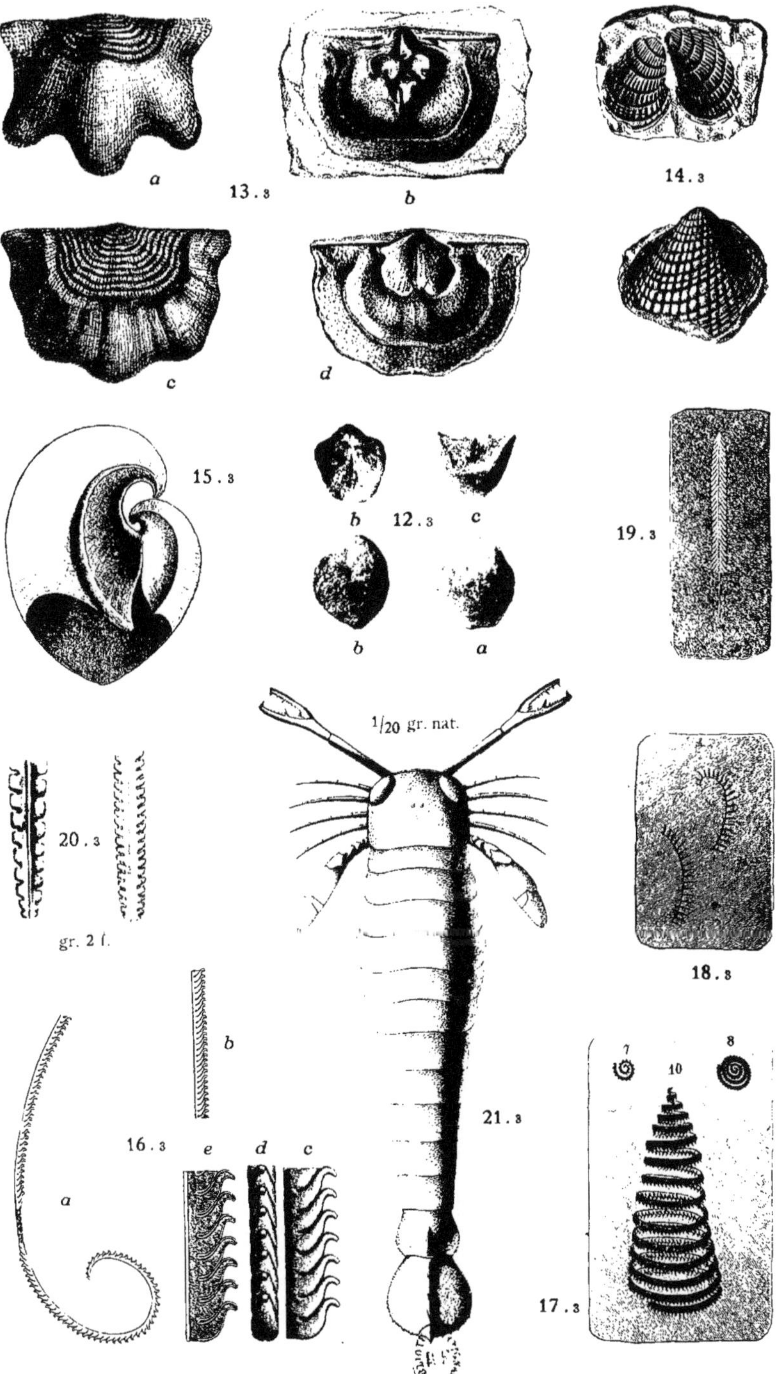

a
13.3
b
14.3
c
d
15.3
b
12.3
c
b
a
19.3
1/20 gr. nat.
20.3
gr. 2 f.
b
16.3
e
d
c
a
21.3
18.3
7
8
10
17.3

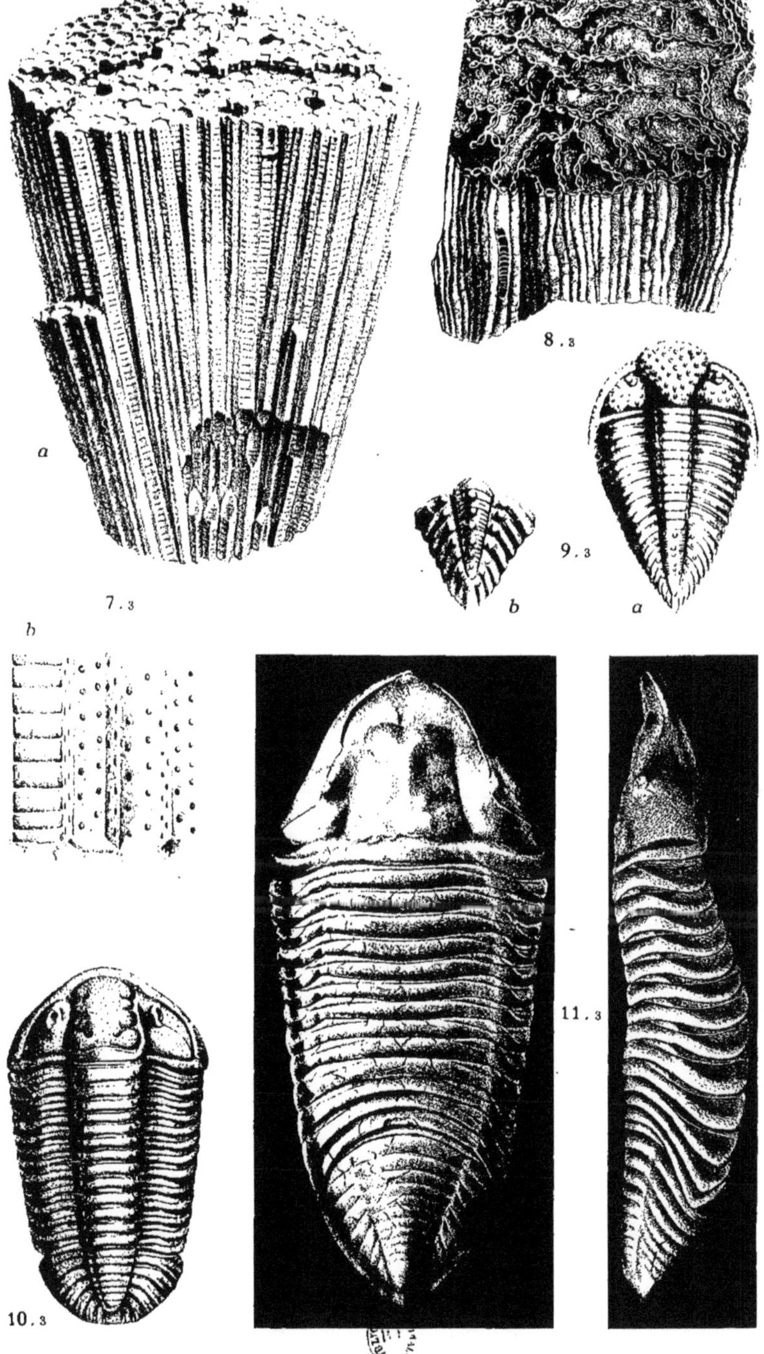

a
7.3
b
8.3
b
9.3
a
10.3
11.3

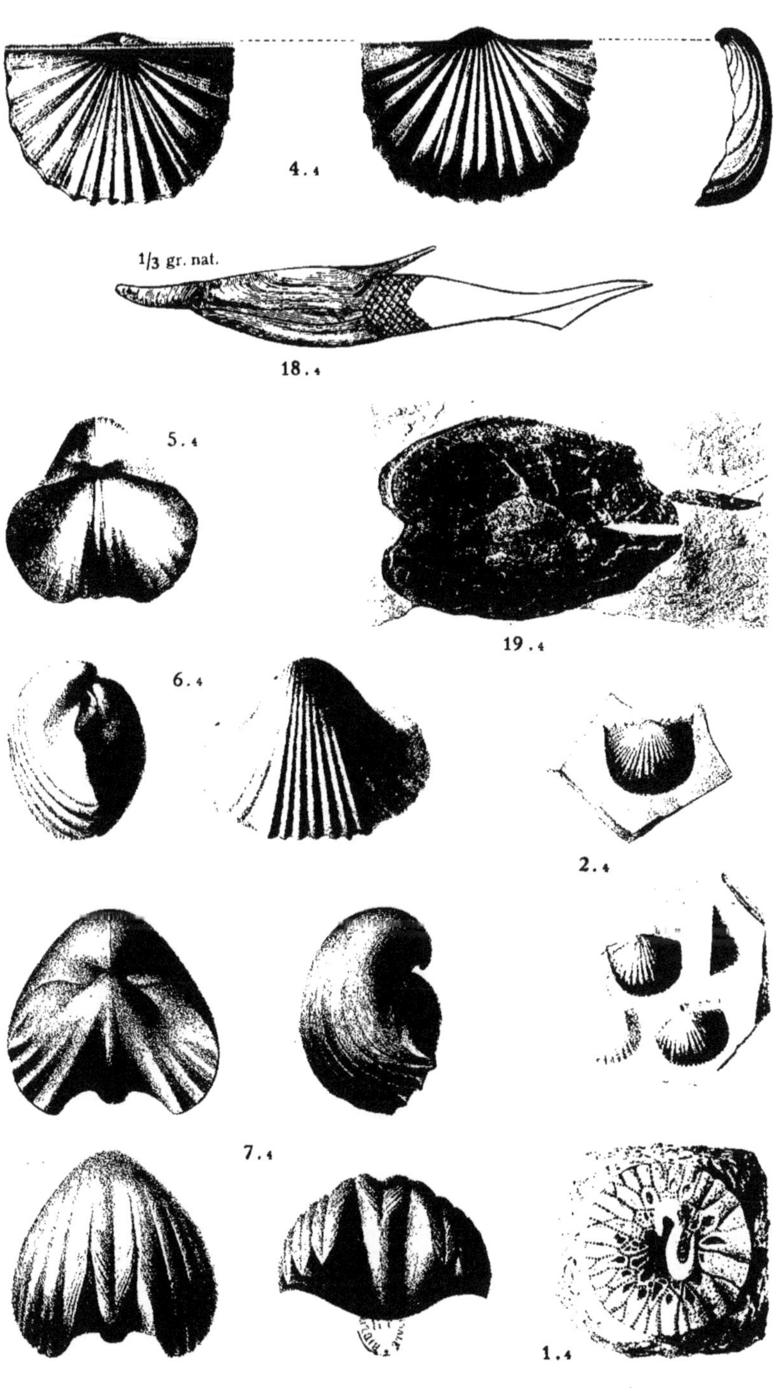

4. 4
1/3 gr. nat.
18. 4
5. 4
19. 4
6. 4
2. 4
7. 4
1. 4

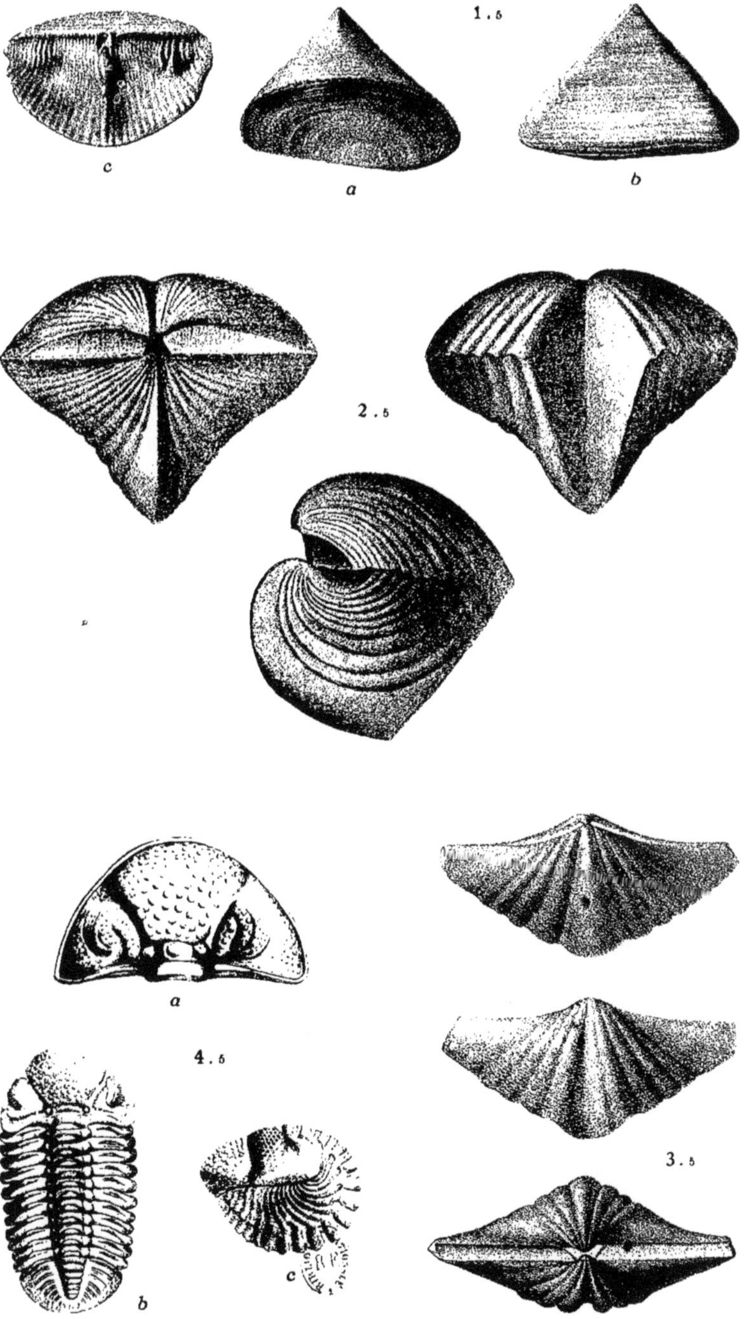

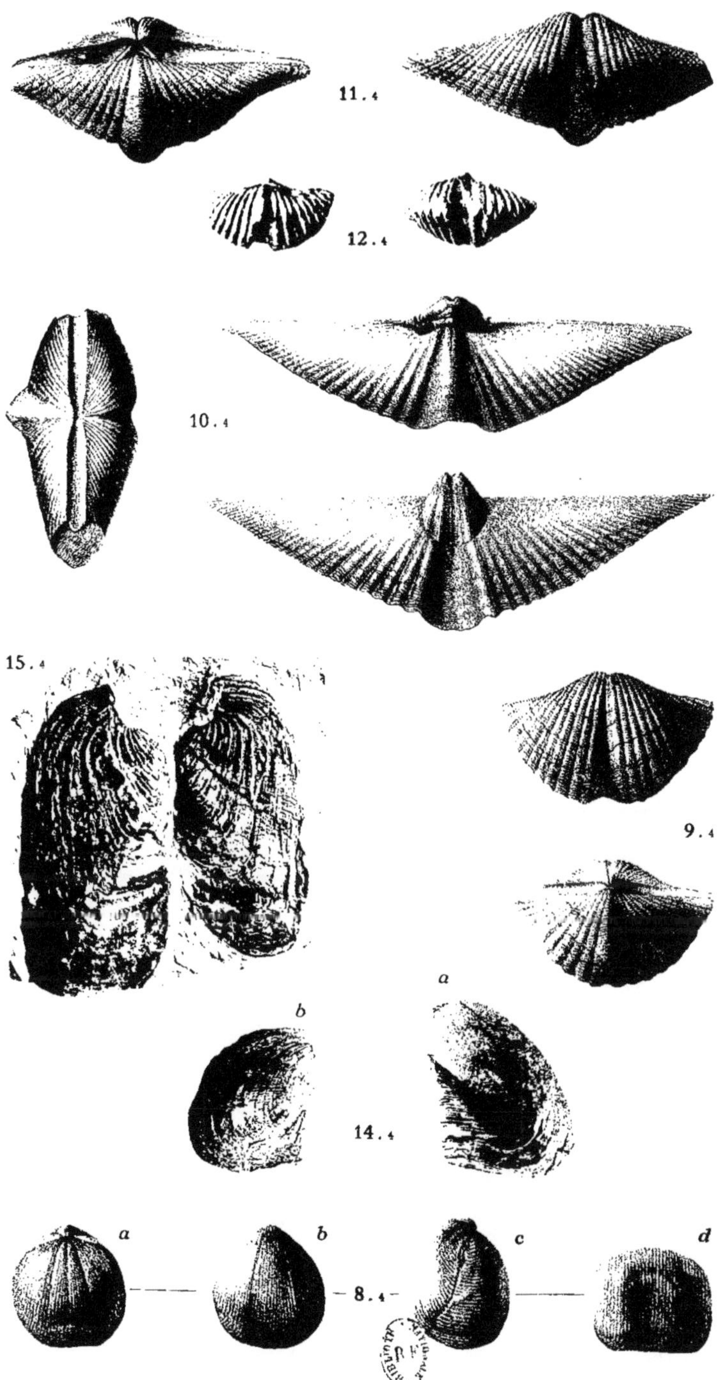

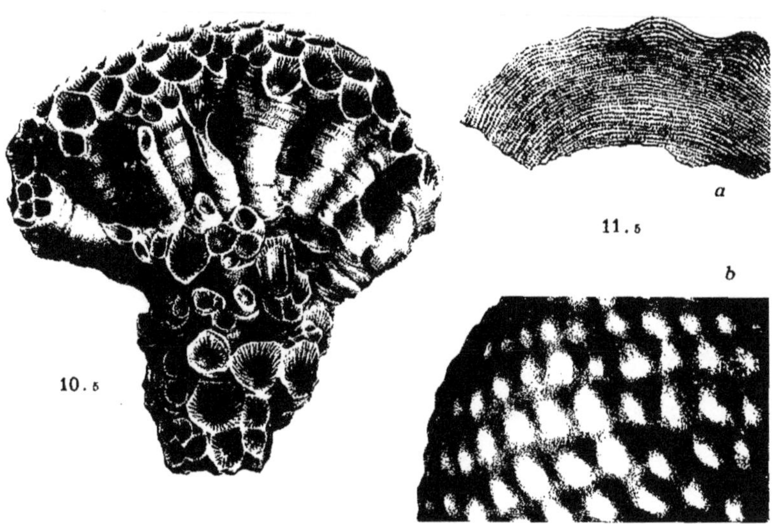

10. 5

11. 5

a

b

12. 5

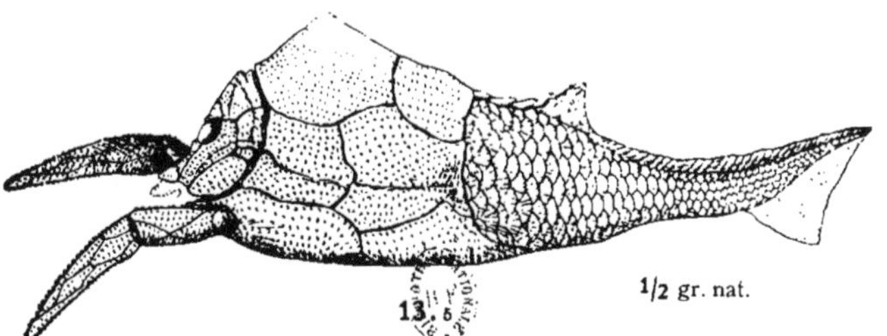

13. 5

1/2 gr. nat.

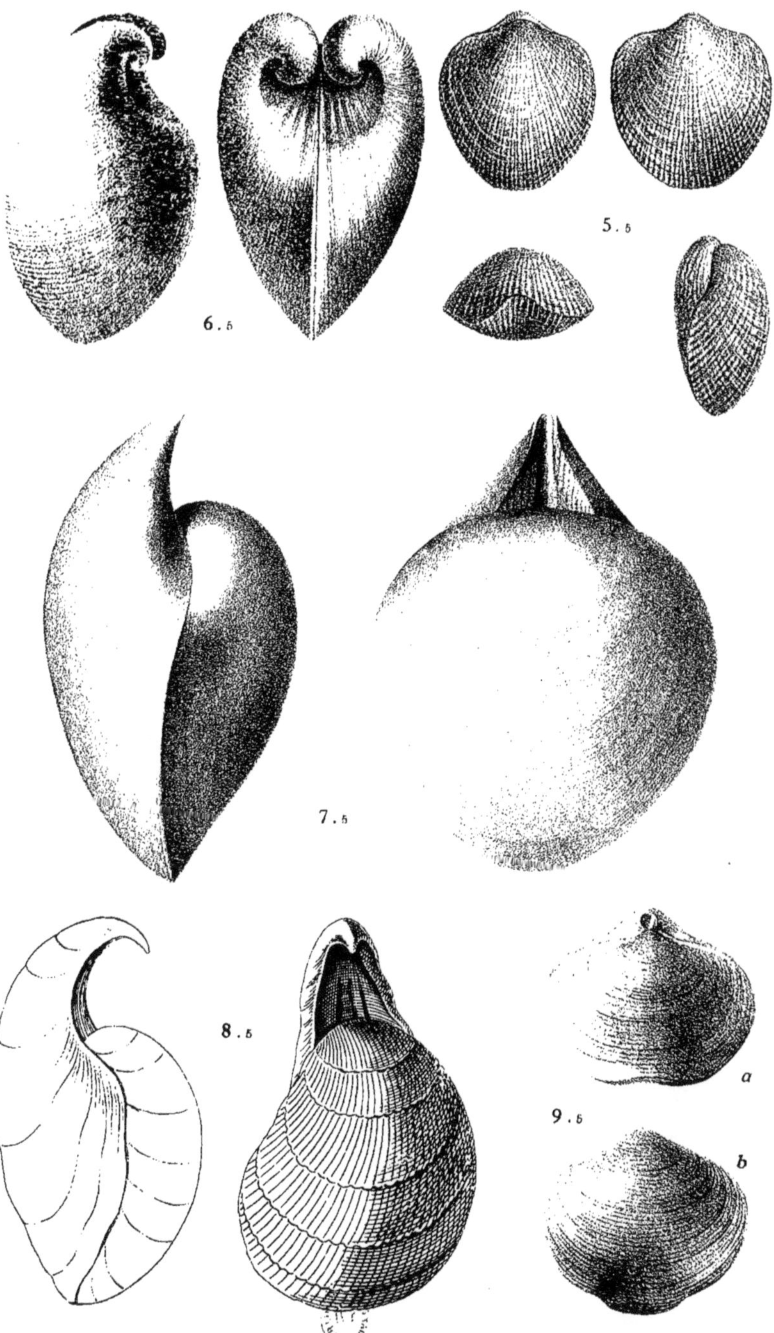

6.5
5.5
7.5
8.5
9.5
a
b

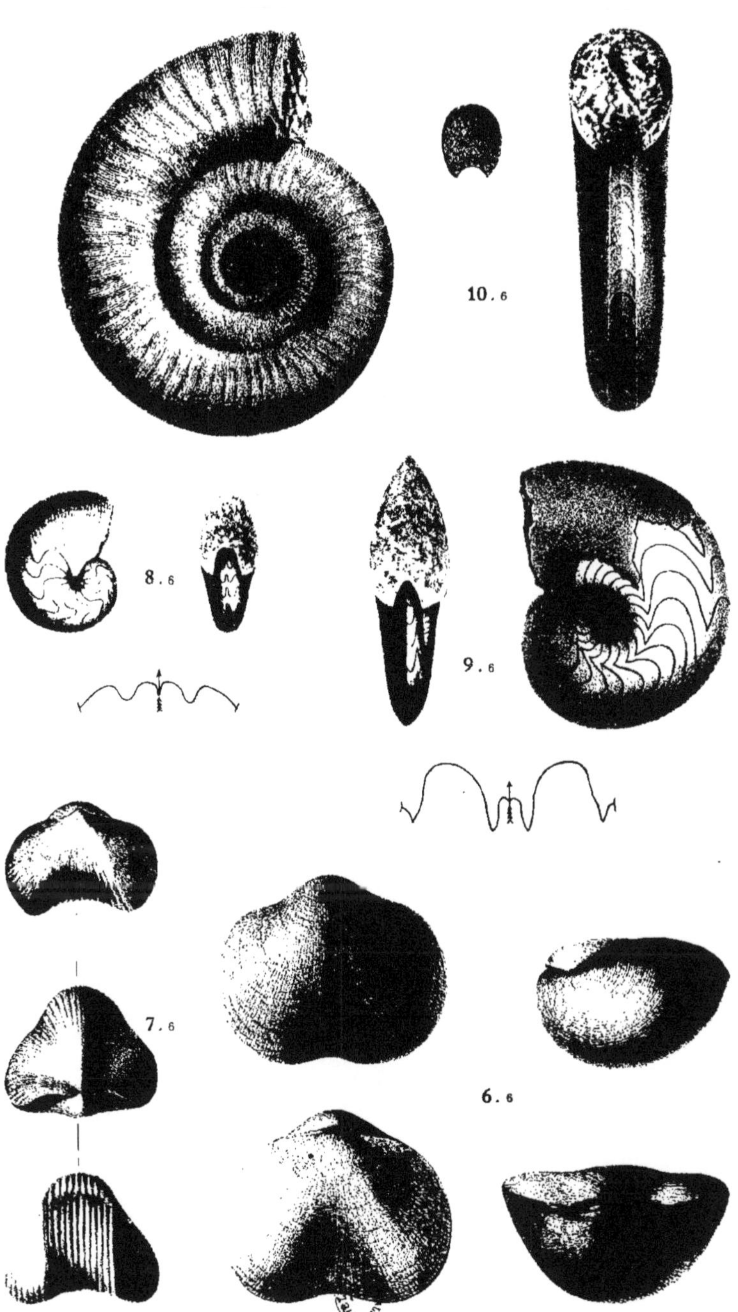

10. 6

8. 6

9. 6

7. 6

6. 6

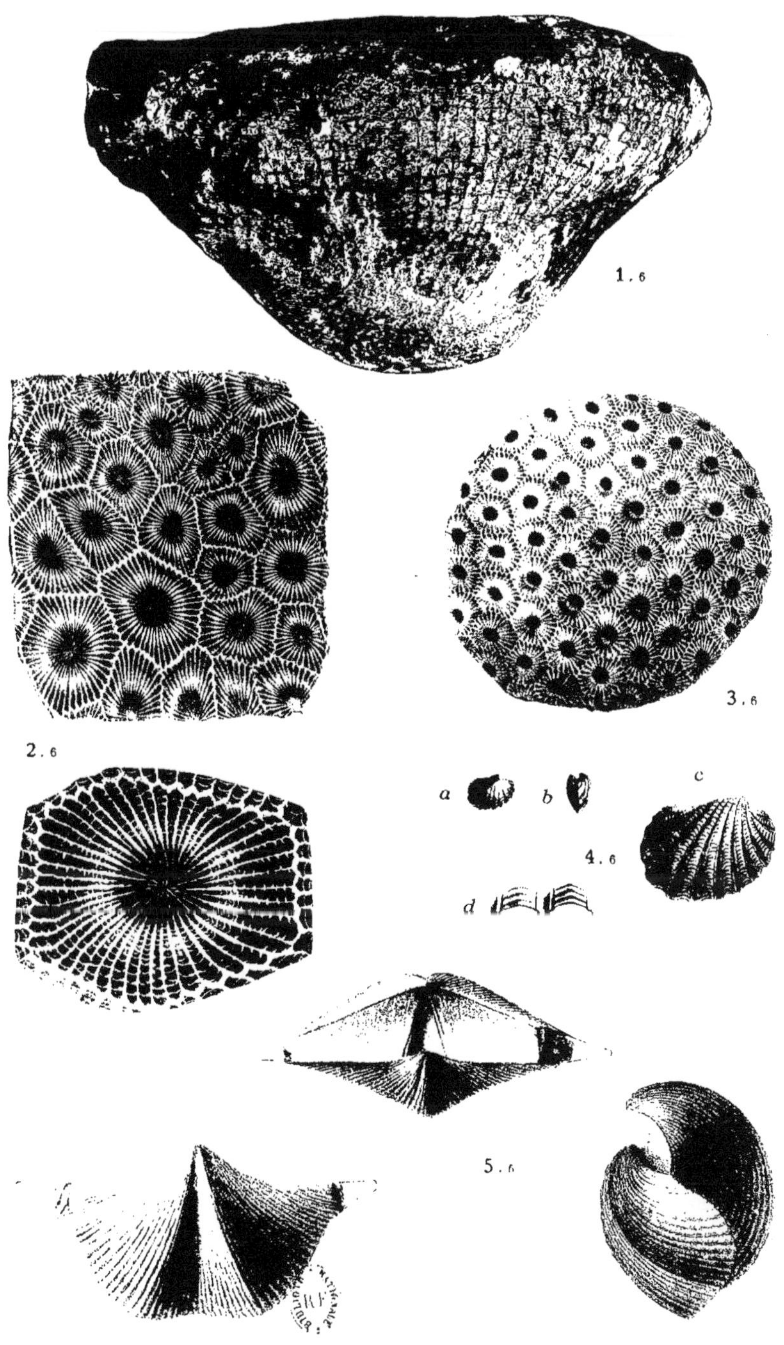
1.6
2.6
3.6
a
b
c
4.6
d
5.6

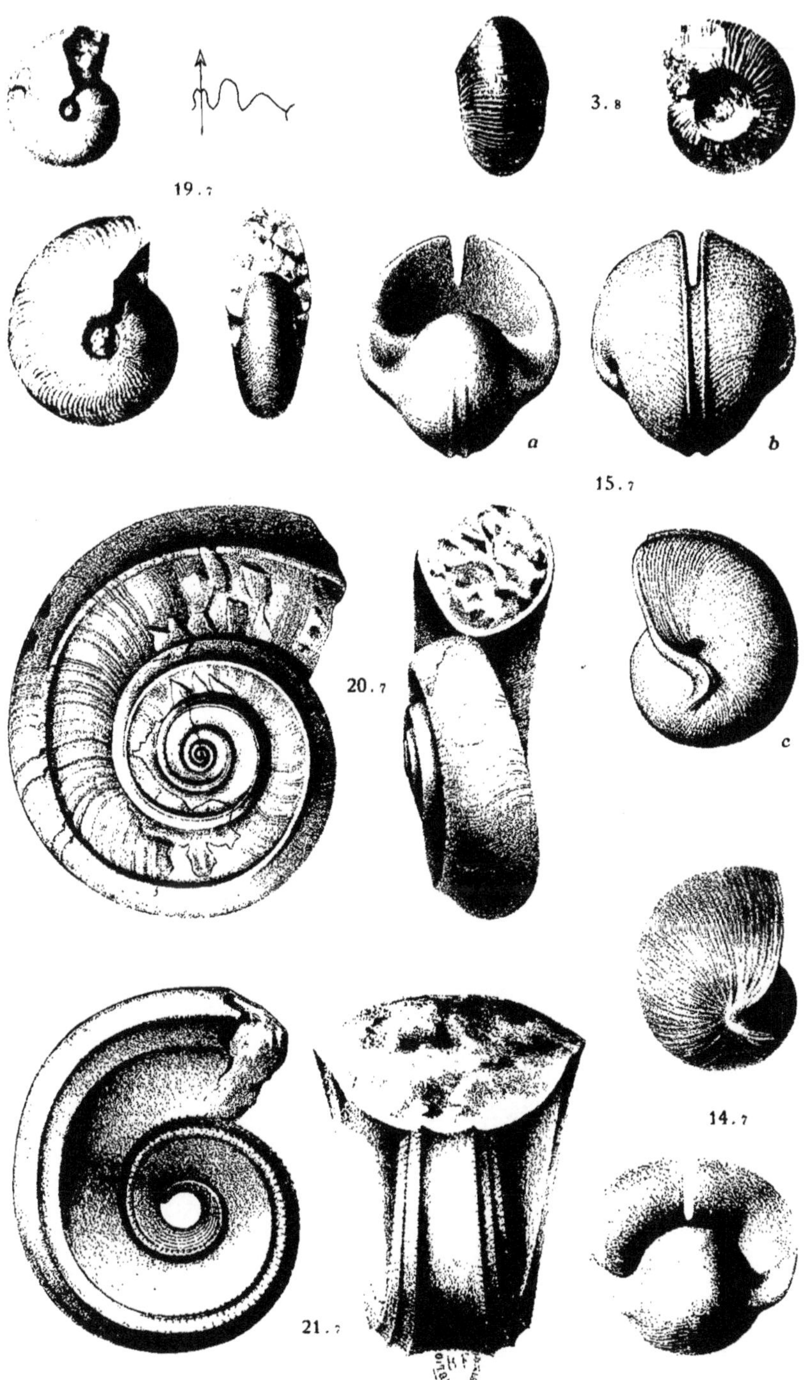
19.7
3.8
a
b
15.7
20.7
c
14.7
21.7

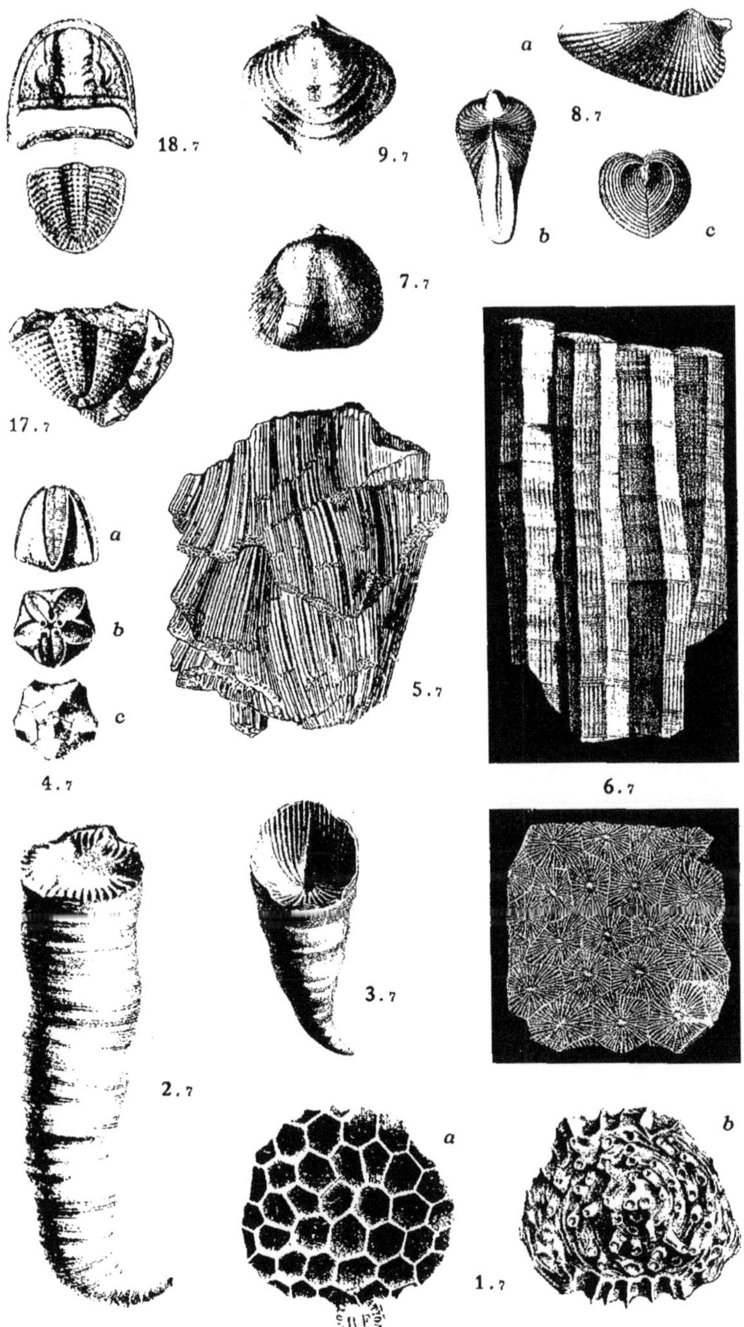

18.7
9.7
a
8.7
b
c
7.7
17.7
a
b
5.7
c
6.7
4.7
2.7
3.7
a
b
1.7

c
b
d
a
1.8
a
b
22.7
24.7
a
23.7
b

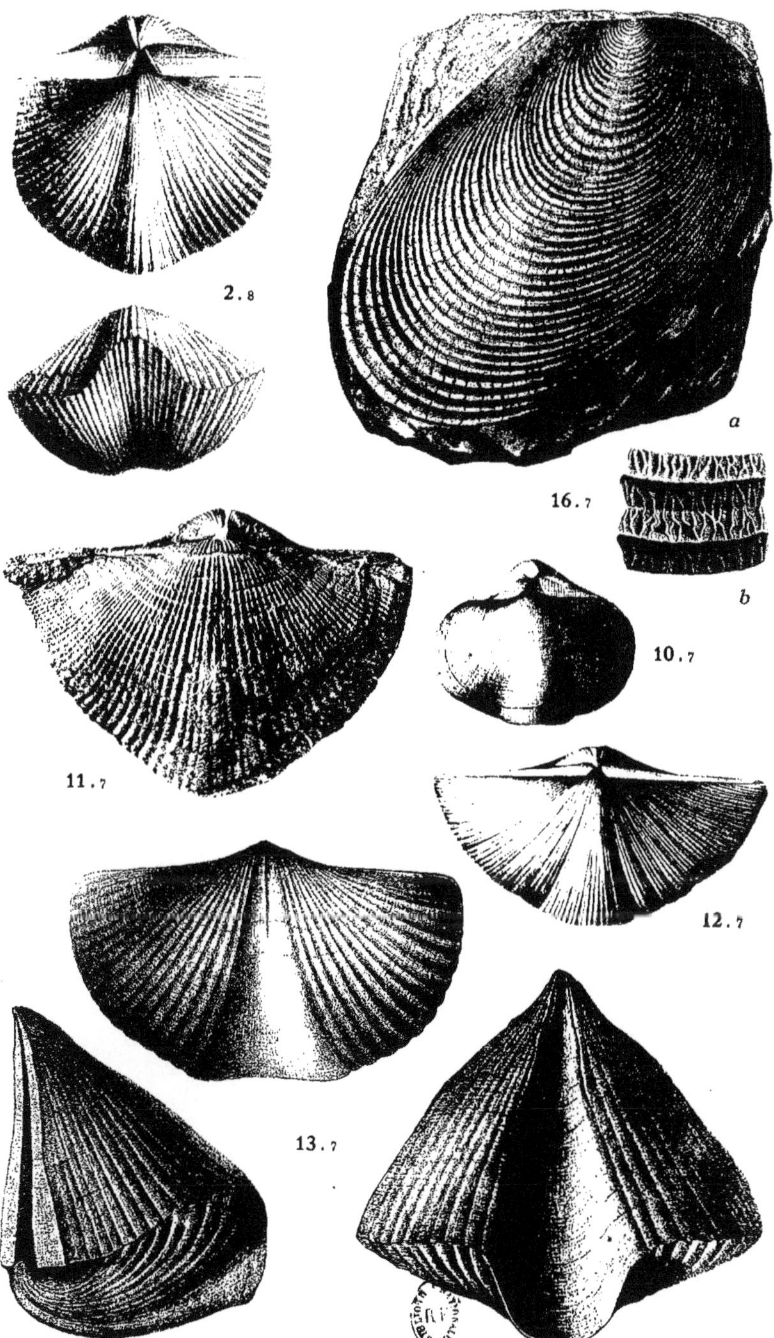

2.8
a
16.7
b
10.7
11.7
12.7
13.7

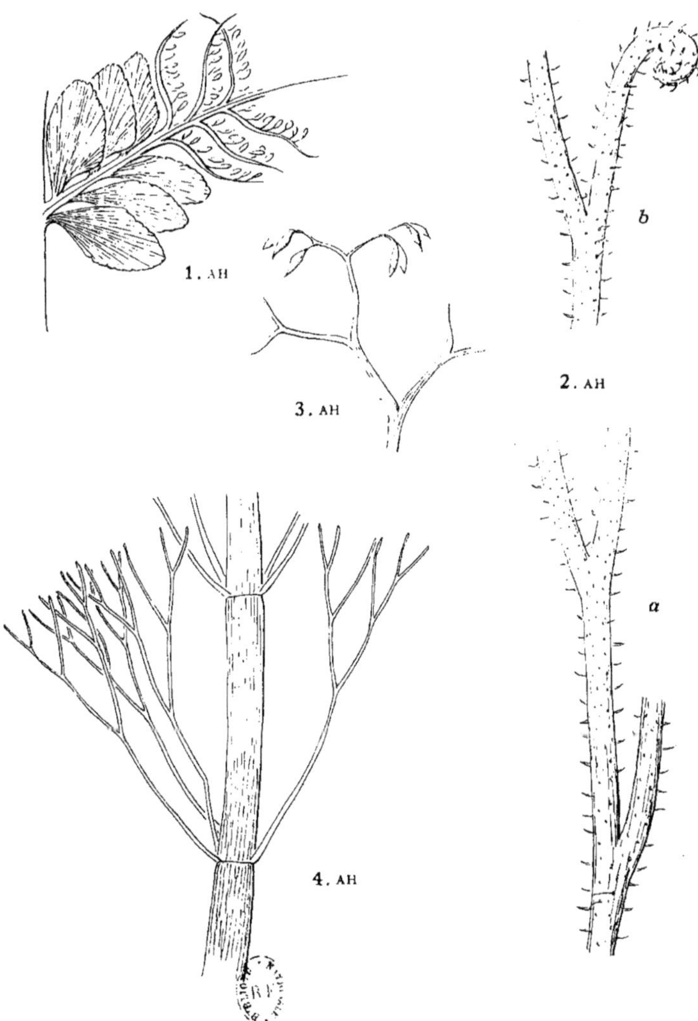

1. AH
2. AH
3. AH
4. AH
a
b

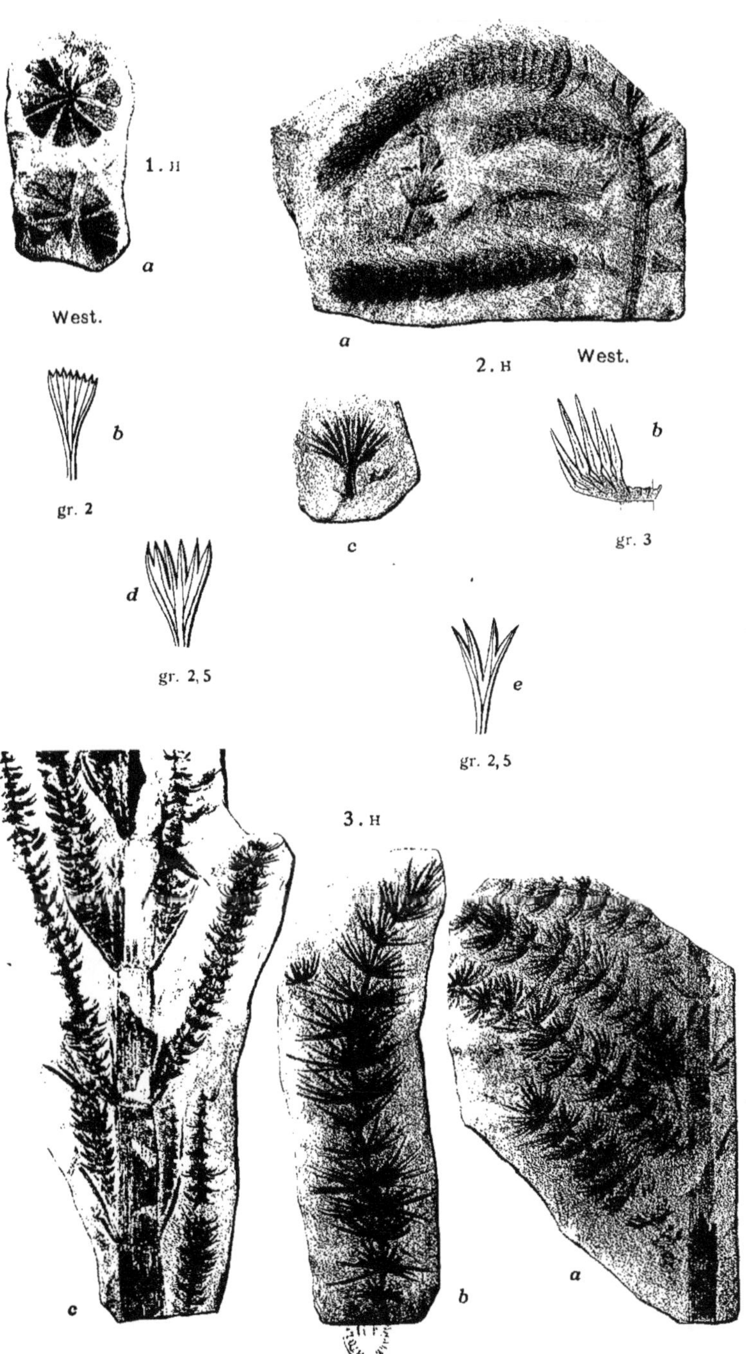
1. н
a
West.
2. н
West.
b
gr. 2
c
b
gr. 3
d
gr. 2,5
e
gr. 2,5
3. н
c
b
a

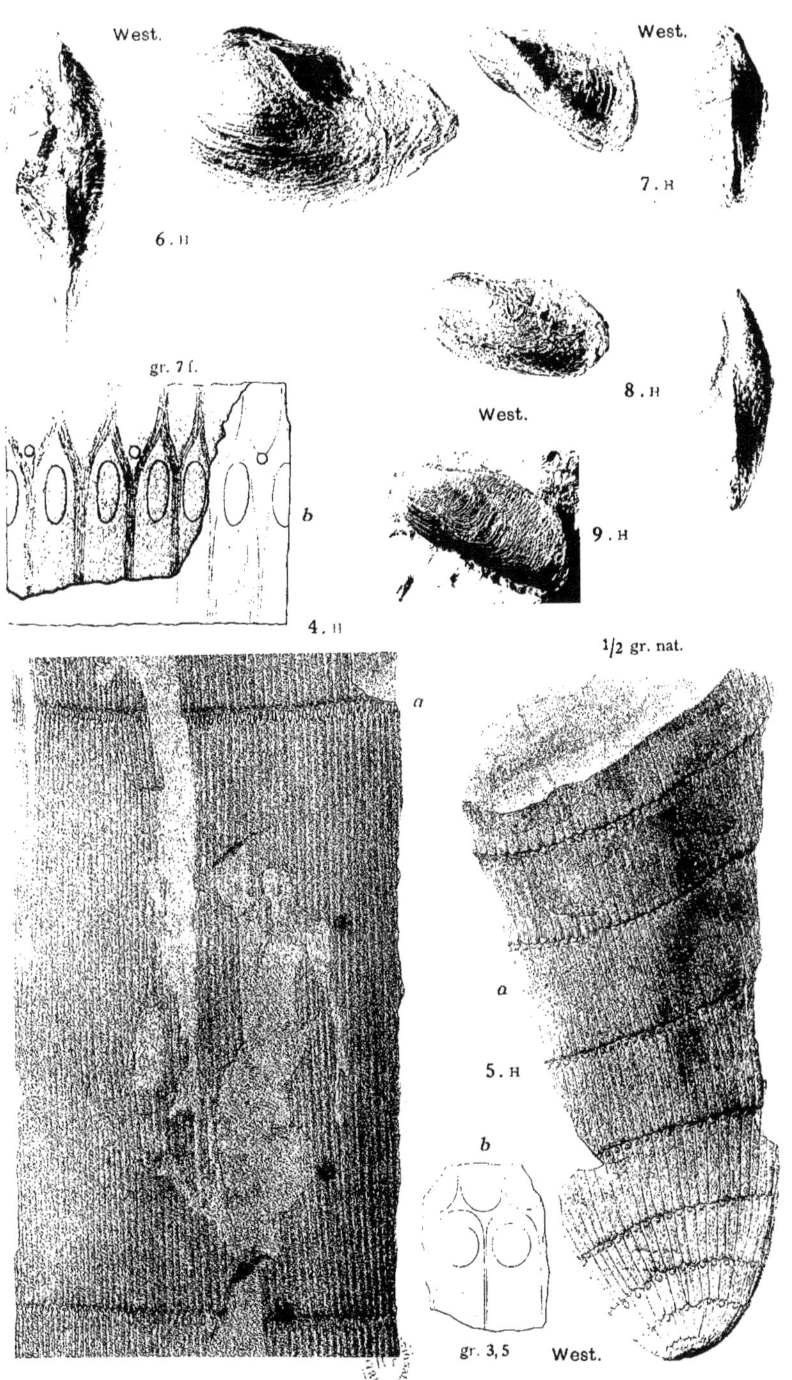
West.
6. H
West.
7. H
gr. 7 f.
8. H
West.
9. H
b
4. H
1/2 gr. nat.
a
a
5. H
b
gr. 3,5
West.

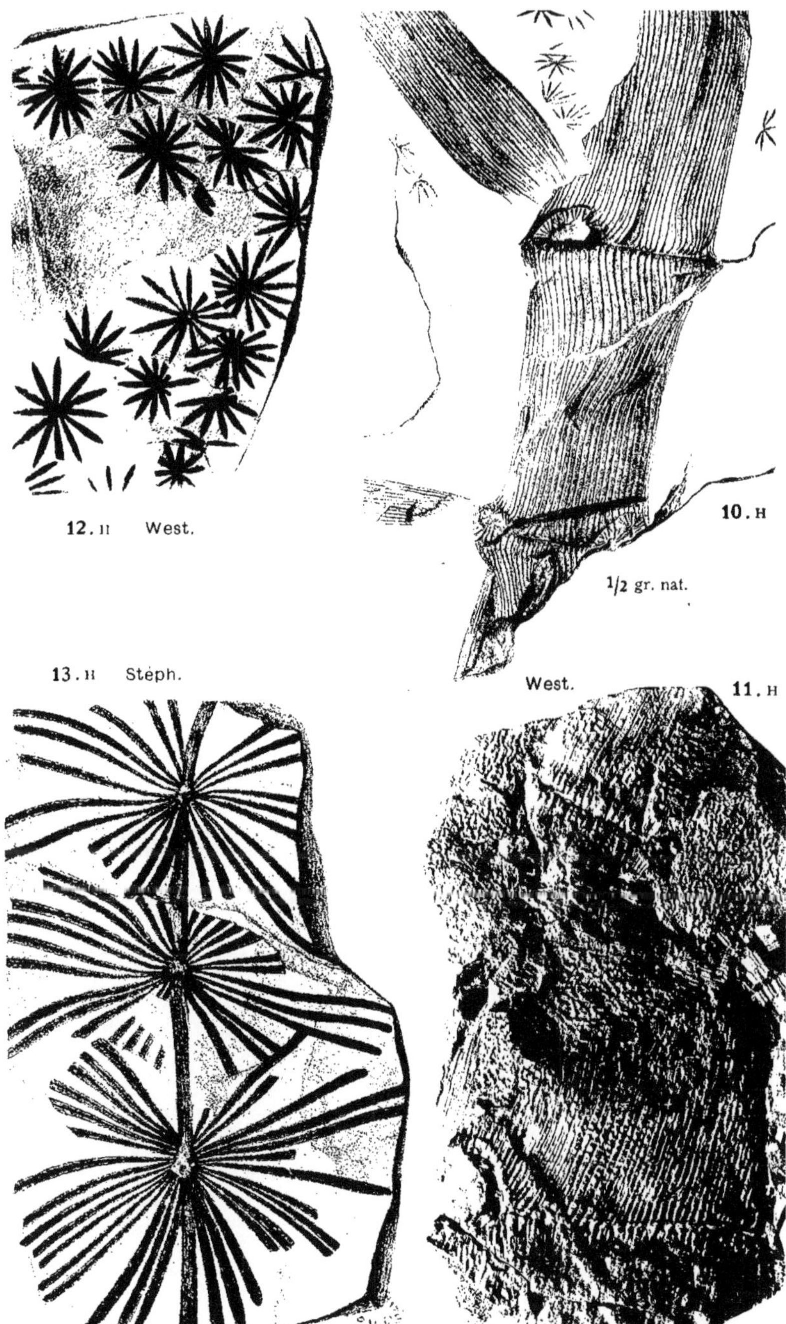

12. II   West.

10. H

1/2 gr. nat.

13. II   Stéph.

West.   11. H

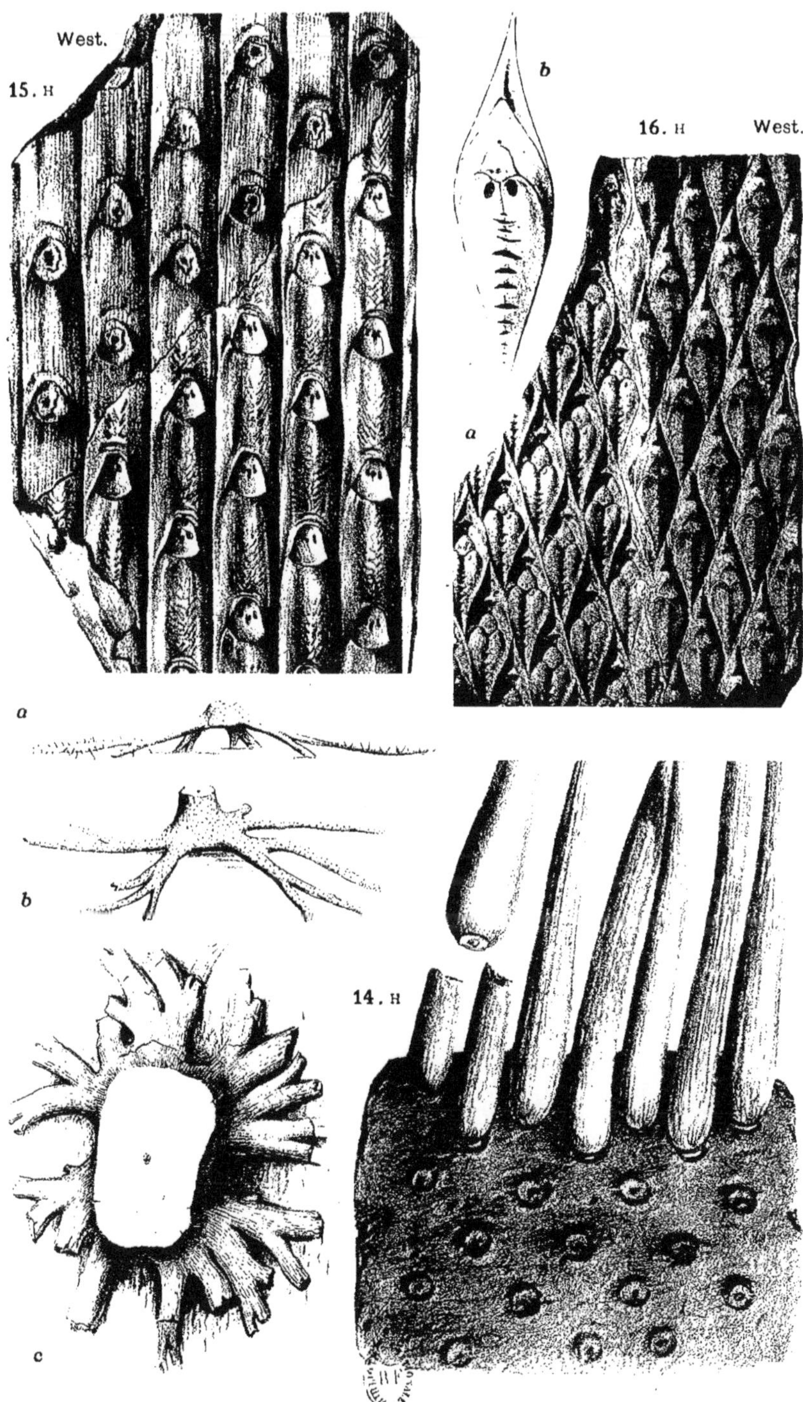
West.
15. H
b
16. H   West.
a
a
b
c
14. H

17. H

West.

18. H

West.

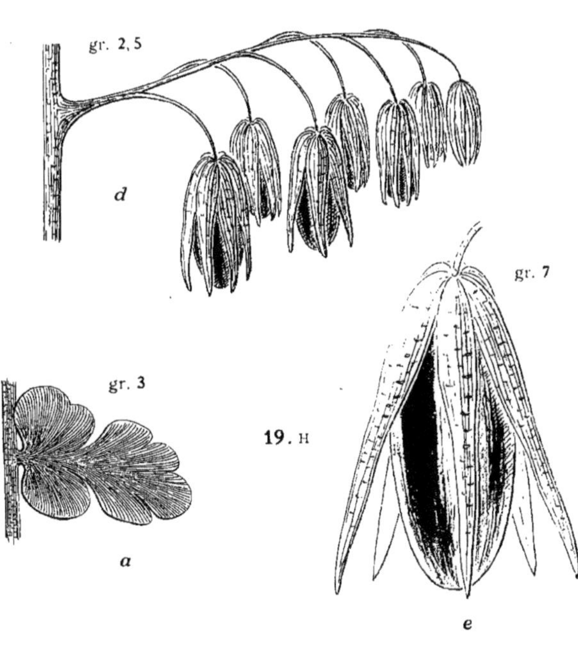

gr. 2,5
d
gr. 3
a
19. H
gr. 7
e

gr. 2,5
b
gr. 7
c
West. sup.

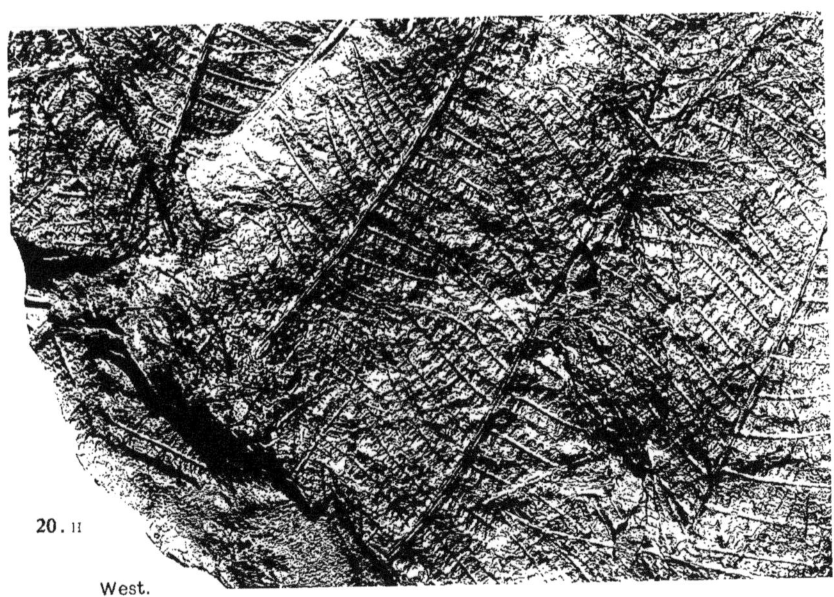

20. H

West.

 a

 b

gr. un peu réduite

Stéph.

21. H

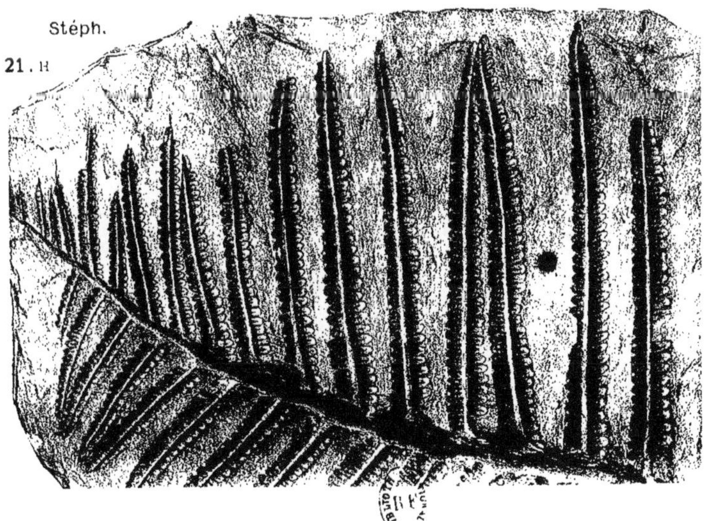

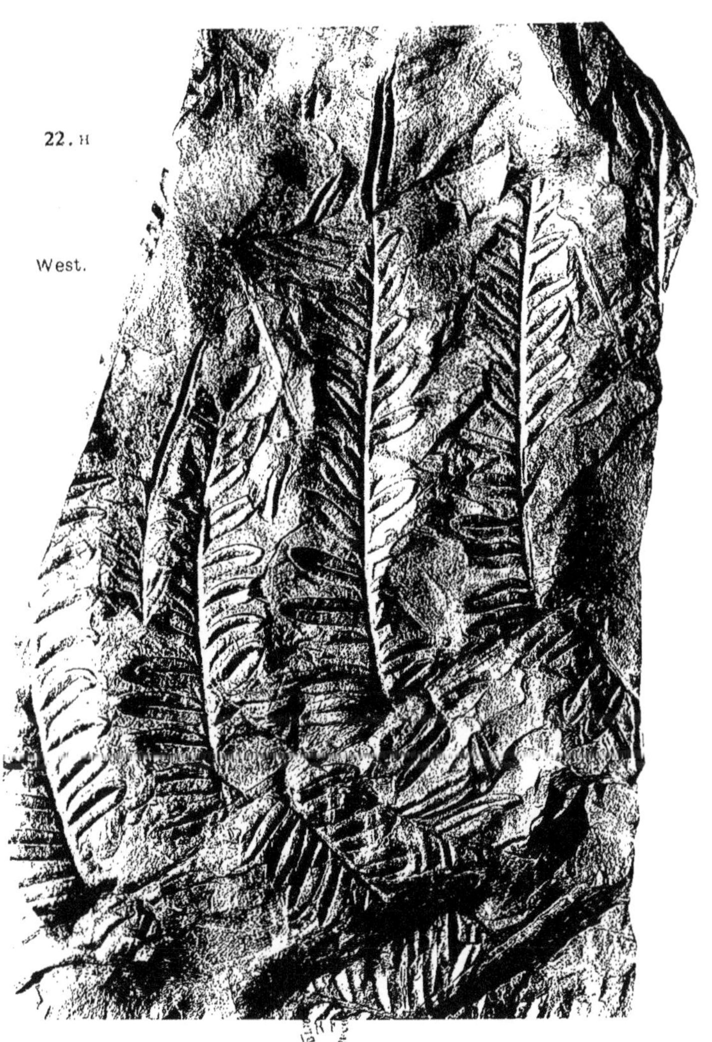
22. H
West.

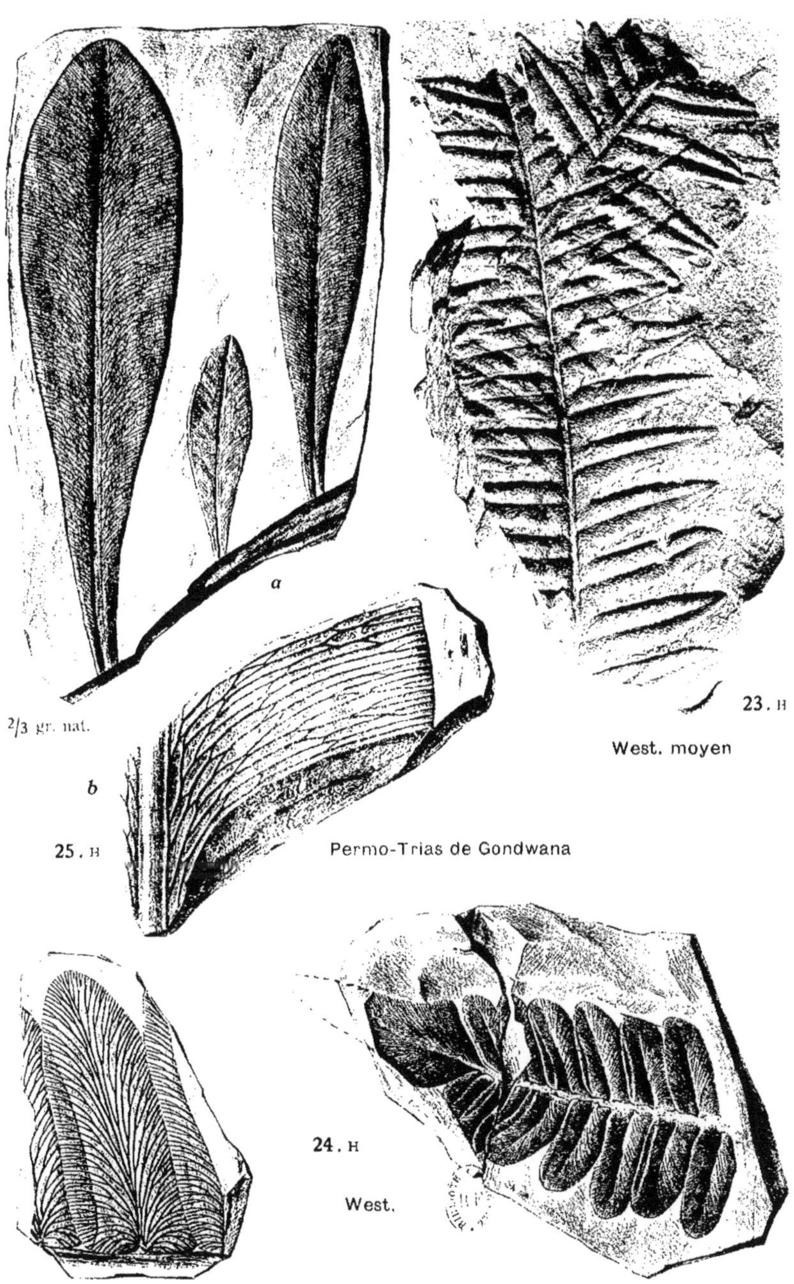

a
2/3 gr. nat.
b
25 . H
23 . H
West. moyen
Permo-Trias de Gondwana
24 . H
West.

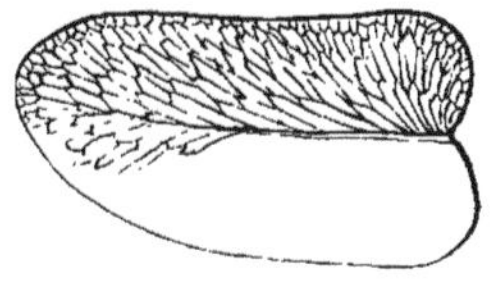

West. sup.

26 . H

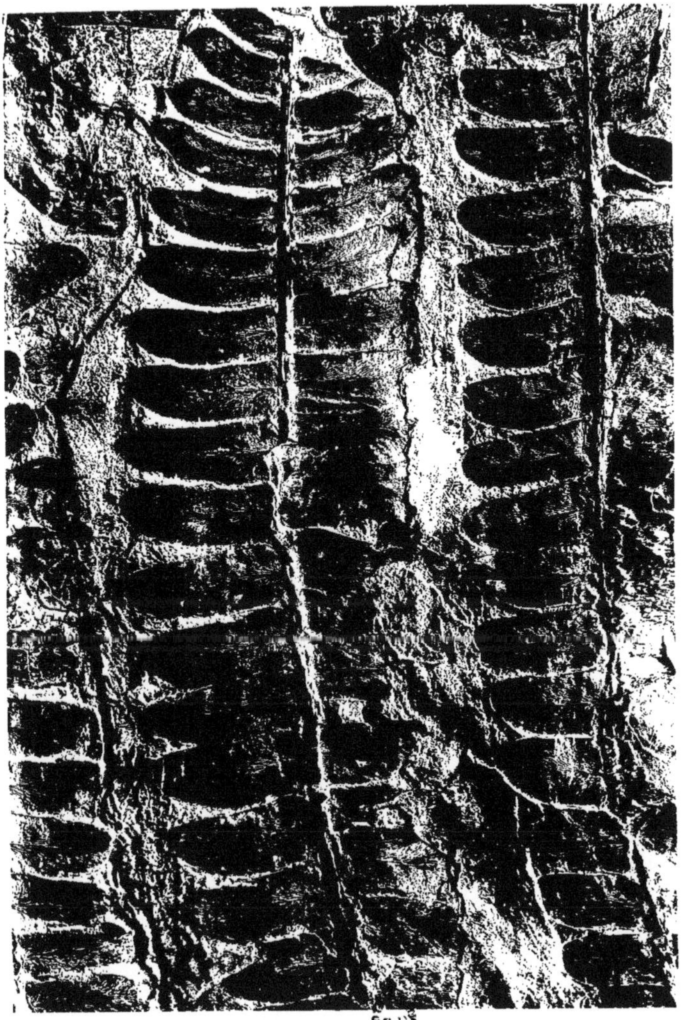

27. H

Stéph.

a

b

28. H   West.   *a*

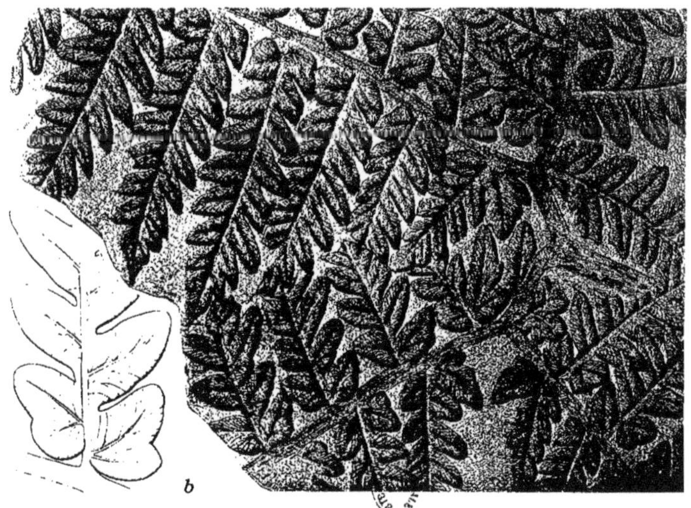

b

1/12 gr. nat.

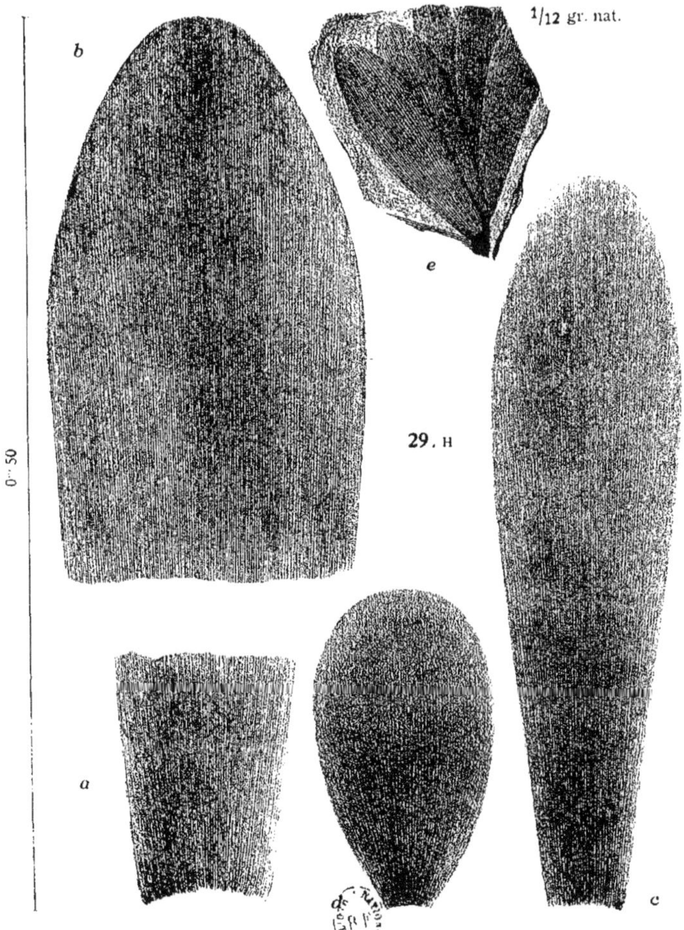

29. H

Base du Stéphanien moyen

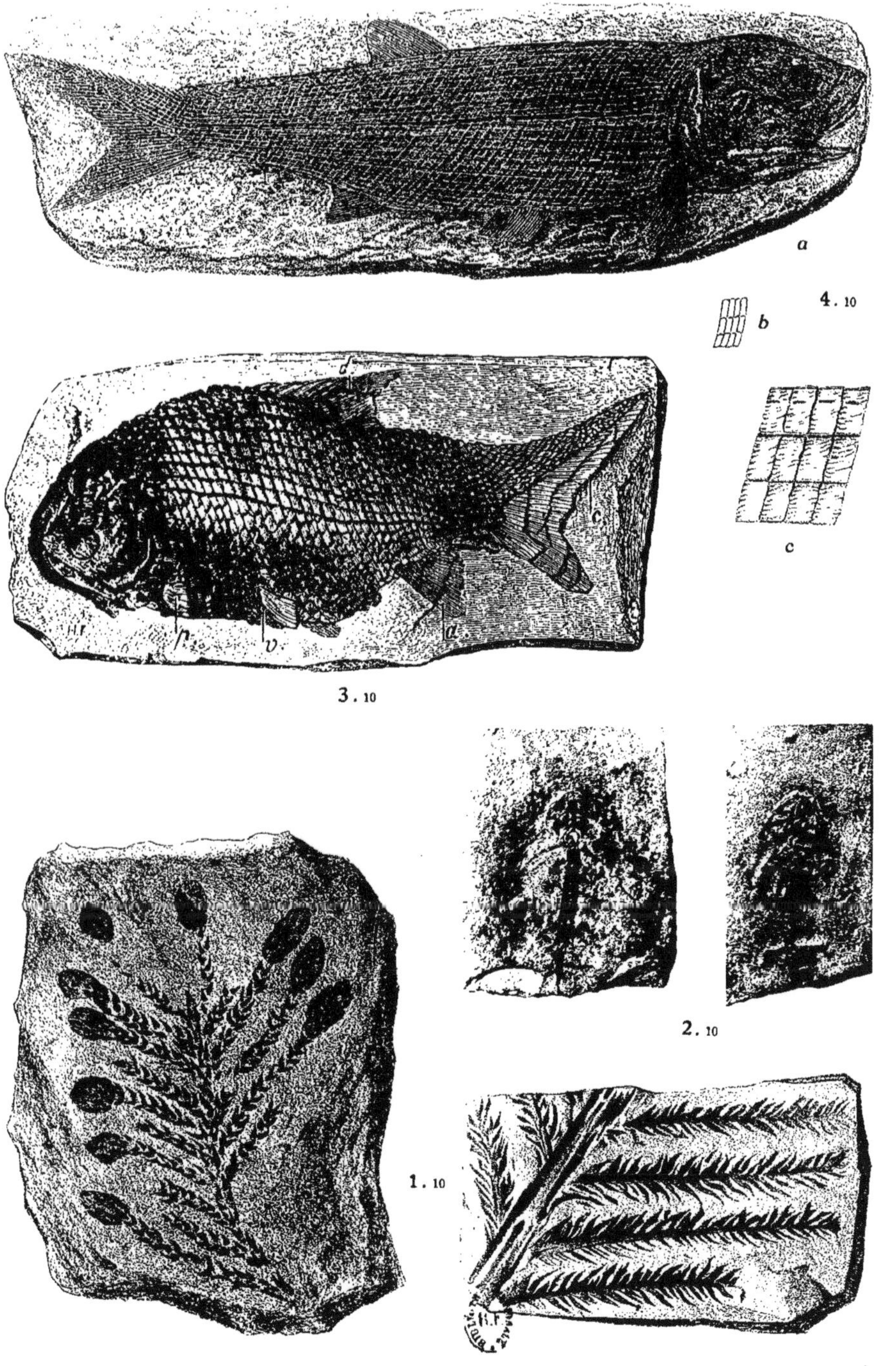

a
4. 10
b
c
3. 10
2. 10
1. 10

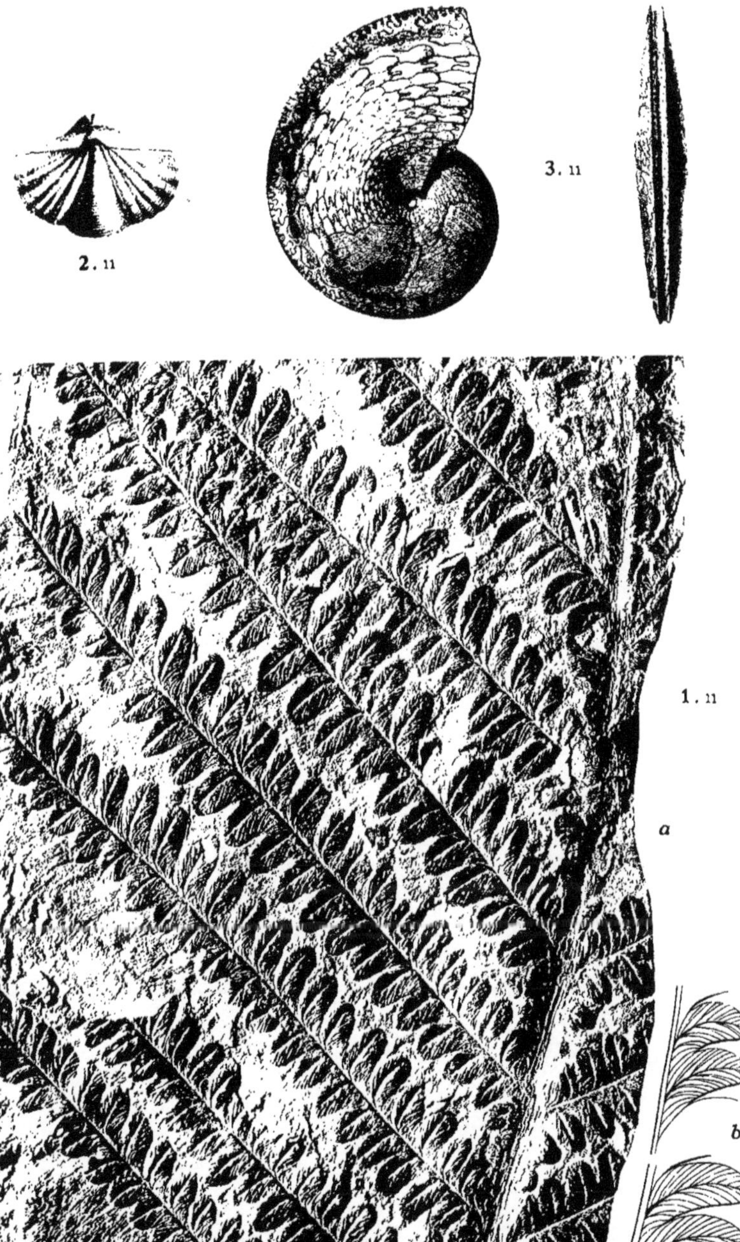

2. 11
3. 11
1. 11
a
b

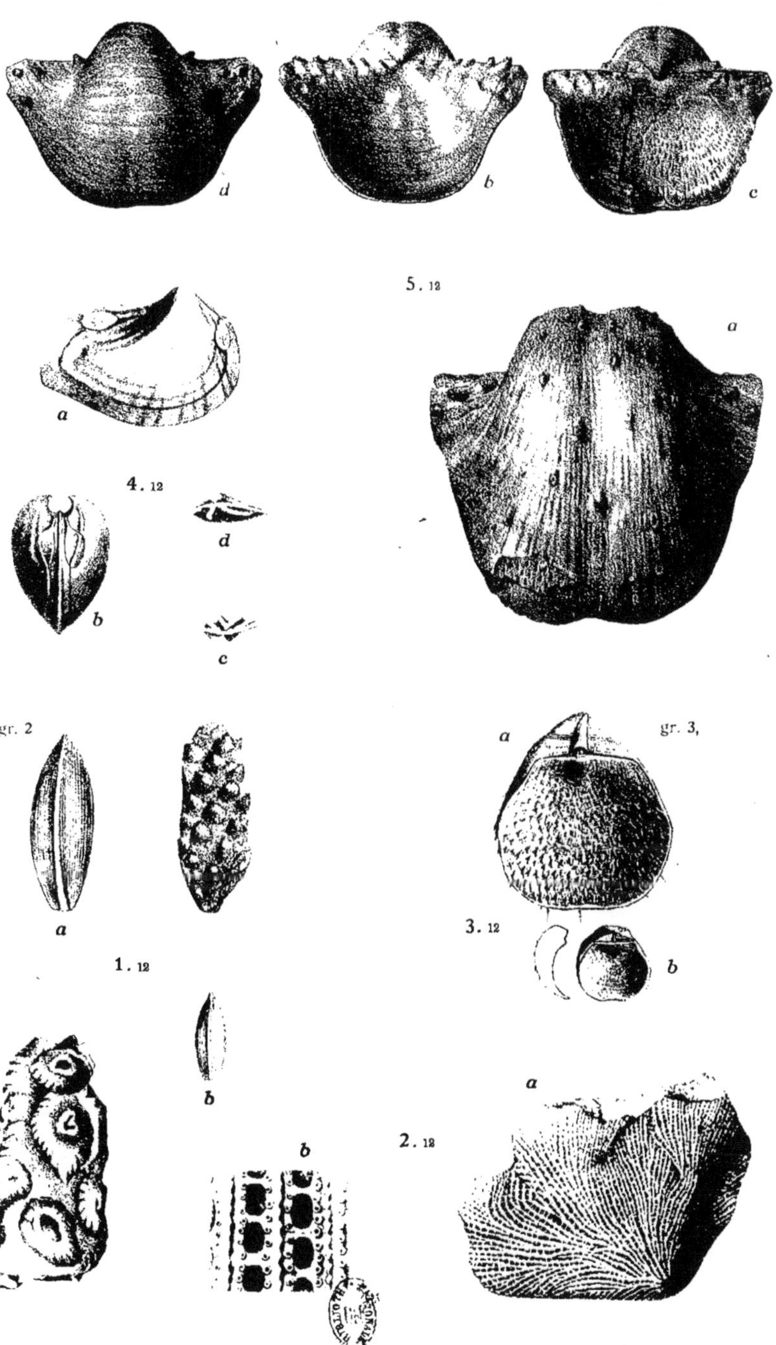
d
b
c
5. 12
a
a
4. 12
d
b
c
gr. 2
a
gr. 3,
a
1. 12
3. 12
b
b
b
2. 12
a